PROBLÈMES

D'ARITHMÉTIQUE

22 514. — PARIS, TYPOGRAPHIE A. LAHURE

Rue de Fleurus, 9

PROBLÈMES

D'ARITHMÉTIQUE

À L'USAGE DES ÉCOLES PRIMAIRES

PAR

S. MAIRE

Instituteur

Rédacteur au *Manuel général de l'Instruction primaire*

ÉNONCÉS

PARIS

LIBRAIRIE HACHETTE ET Cie

79, BOULEVARD SAINT-GERMAIN, 79

1879

PRÉFACE

L'enseignement de l'Arithmétique, tel que nous le comprenons pour les classes élémentaires, se compose de deux parties intimement liées et concourant au même but : le développement intellectuel de l'enfant. Ces deux parties, théorie et pratique, ne peuvent jamais être séparées sans inconvénient, l'une servant de point d'appui à l'autre. La leçon théorique, accompagnée d'exemples au tableau noir, doit être suivie immédiatement d'applications pratiques capables de fixer dans l'esprit de l'enfant les principes étudiés et les règles qui en sont déduites. Il est bien évident alors que les meilleurs exercices pratiques qu'un maître expérimenté puisse proposer à ses élèves sont ceux qu'il a préparés lui-même, d'après ses propres vues et dans un but bien déterminé. Mais cette préparation, simple en apparence, est souvent laborieuse, trop laborieuse même, pour l'instituteur qui n'y peut consacrer qu'un temps relativement restreint; d'autre part, le temps passé à dicter les questions aux élèves peut, selon nous, être employé plus utilement. Nous avons pensé qu'un recueil de nombreux exercices et problèmes qui remédierait à ce double inconvénient serait bien accueilli des maîtres auxquels il épargnerait un temps précieux.

Les problèmes qui composent ce recueil peuvent être résolus par des enfants de 9 à 12 ans, et sont gradués de telle façon que chacun prépare le suivant, sans laisser subsister de transition brusque qui puisse décourager l'élève. Le nombre en est d'ailleurs assez considérable pour que chaque élève y trouve des sujets de devoirs pendant toute la durée de son passage au *Cours Moyen*.

Dans les questions de Système métrique, nous avons suivi strictement le programme de l'Arithmétique pour que les solutions demandées n'exigent jamais que les connaissances acquises précédemment.

Sans avoir rédigé de partie essentiellement théorique, nous nous sommes efforcé de composer des exercices et des problèmes qui tracent et facilitent la tâche des maîtres les moins expérimentés, en leur offrant des applications de toute la théorie qu'ils ont à développer, en leur fournissant pour ainsi dire des sujets de leçons, et en provoquant chez les élèves les questions et les remarques qui sont la vie de l'enseignement. Les exercices de calcul y sont nombreux et combinés de manière à donner à l'élève une habileté et une sûreté suffisantes pour qu'aucune difficulté matérielle ne l'arrête au cours d'une solution.

La division mensuelle adoptée pour l'ouvrage entier est celle du programme suivi dans les écoles publiques du département de la Seine, et chaque partie (Arithmétique et Système métrique) est terminée par une série de problèmes donnés dans les examens pour le Certificat d'études primaires, dans les concours cantonaux et départementaux, etc.

Disons enfin que, sans nous borner aux « questions se rattachant uniquement aux usages de la vie pratique », ainsi que le comporte le programme mentionné ci-dessus, nous avons proposé un grand nombre de problèmes que nous croyons propres à exciter l'attention de l'enfant, à éveiller sa curiosité, à lui donner enfin cet esprit mathématique qui fortifie le raisonnement et ouvre l'intelligence à des idées plus larges.

Janvier 1879.

PROBLÈMES D'ARITHMÉTIQUE

ÉNONCÉS

(COURS MOYEN DE L'ENSEIGNEMENT PRIMAIRE)

OCTOBRE

Numération des nombres entiers et des nombres décimaux. Explication du principe que la valeur d'un nombre décimal ne change pas quand on écrit ou qu'on supprime des zéros sur la droite. — Rendre un nombre entier ou un nombre décimal 10, 100, 1000 fois plus grand ou plus petit. — Addition et soustraction des nombres entiers et des nombres décimaux. — Règles pratiques et applications. — Problèmes.

EXERCICES

1. 86×10.
2. $4370 : 10$.
3. 520×10.
4. $7400 : 10$.
5. 2745×100.
6. $39\,000 : 100$.
7. $74\,000 : 1000$.
8. $0,5 \times 10$.
9. $75,3 \times 10$.
10. $6839 : 10$.
11. $58\,762 : 100$.
12. $783,57 \times 100$.
13. $61\,930 : 100$.
14. $73\,840 : 1000$
15. $53,8 \times 100$.
16. $45,39 \times 1000$

17. $0,9064 \times 1000$. **22.** $0,079 \times 10\,000$.
18. $75 : 100$. **23.** $0,057 : 100$.
19. $82 : 1000$. **24.** $9,008 : 10$.
20. $6487 : 100\,000$. **25.** $0,096 : 100$.
21. $0,48 \times 1000$.

PROBLÈMES

26. On a payé 14 francs pour 1 kilog. de cire. Combien payerait-on pour 10 kilog., — pour 100 kilog.?

27. 100 kilog. de café valant 700 francs, quel est le prix du kilog.? — de 10 kilog.?

28. A raison de $0^f,60$ le mètre d'étoffe, combien coûteraient 10 mètres? — 100 mètres?

29. 10 mètres de soie coûtant $67^f,50$, que valent 100 mètres? — que vaut 1 mètre de cette soie?

30. Un employé a reçu 1400 francs pour 10 mois de travail. Combien gagne-t-il par mois?

31. A $26^f,5$ l'hectolitre de blé, que valent 100 hectol.? — 10 hectol.?

32. Une pièce de 20 francs pèse $6^{gr},4516$; que pèserait une somme composée de 1000 pièces de 20 francs et quelle en serait la valeur?

33. 100 pièces de cent francs pèsent $3225^{gr},8$. Quel est le poids d'une pièce de cent francs?

34. 1000 feuilles de papier superposées font une épaisseur de $78^{mm},4$. Quelle est l'épaisseur moyenne d'une feuille? — de 100 feuilles? — de 10 feuilles?

35. Un litre d'air sec pèse à Paris $1^{gr},293$. Quel est le poids de 10 litres d'air? — de 1000 litres? — de 100 litres?

ADDITIONS

36.	**37.**	**38.**	**39.**
462,5	582,73	84,075	6,0476
304,8	75,08	53,806	9,3084
257,6	259,81	39,087	5,9008

40.	**41.**	**42.**	**43.**
58,47	7,048	8,6039	0,8476
31,5	9,45	4,57	2,95
47,09	3,865	6,0093	3,8
83,4	2,74	0,846	6,2957

44.	**45.**	**46.**	**47.**
39,58	87,374	594,6	0,849
4,7	20,09	83,54	7,0084
41,54	5,4	67,4	14,27
5,3	36,28	930,85	9,08

48.	**49.**	**50.**	**51.**
347,86	6,375	74,28	9,406
29,4	485,08	6,009	307,5073
4,675	92,6004	458,7005	0,07
905,08	7,094	34,002	53,805
0,7	69,3	600,5	1,0706

52.	**53.**	**54.**	**55.**
0,074	8,3	538,26	43,27
649,52	47,69	2,5	908,592
37,0809	326,007	3006,09	70,001
4,7	4,5	840,007	498,97
58,007	1046,7504	53,74	9,8
4,6751	8,57	905,06	3074,9006

Problèmes sur l'addition.

56. Dire la longueur qu'on obtiendrait en plaçant bout à bout 3 baguettes dont les longueurs sont $1^m,4$; $2^m,1$ et $1^m,6$.

57. Un facteur a vendu 3 pianos pour les sommes suivantes : 585 francs, 620 francs et 855 francs. Quelle somme totale lui est-il dû?

58. Dans une famille, le père gagne $5^f,25$ par jour, la mère 2^f,15 et le fils 1^f,25. Quel est le gain total de ces trois personnes par jour de travail?

59. On a partagé une certaine somme entre trois personnes; la première a eu 68^f,45; la deuxième 81^f,65 et la troisième 59^f,85. Quel était le montant de la somme partagée?

60. On a prélevé d'une pièce de toile un coupon de 17^m,40, puis un second de 24^m,50, et il reste un coupon de 28^m,70. Quelle était la longueur de cette pièce de toile?

61. Le total d'une addition est 539,74. Si l'on intercalait dans cette addition le nombre 86,65, quel serait le nouveau total?

62. Une ménagère a dépensé au marché les sommes suivantes : 3^f,45; 2^f,20; 0^f,35; 0^f,80; 1^f,40. Calculez combien elle avait en sortant, sachant qu'il lui reste 1^f,85.

63. Un ouvrier a fait successivement les 0,14, les 0,2 et les 0,163 d'un travail. Quelle portion de ce travail a-t-il faite en tout?

64. Deux personnes partent du même point et vont en sens contraire. A quelle distance seront-elles l'une de l'autre lorsque l'une aura fait 182^m,40 et l'autre 159^m,5?

65. Un fabricant a livré trois pièces de soie ayant les longueurs suivantes : 47^m,50; 51^m,40 et 45^m,80. Combien aura-t-il livré de mètres de soie, lorsqu'il en aura encore fourni une pièce de 35 mètres?

66. Léon a 8^f,75 de plus que Charles qui possède 19 francs. Quelle somme possèdent-ils à eux deux?

67. Je devais une certaine somme à mon libraire; je lui ai donné un premier à compte de 9 francs, puis un deuxième de 14^f,50 de plus, et je lui dois encore 5 francs. A combien s'élevait ma dette primitive?

68. Une famille a consommé en une semaine pour 7^f,45 de pain, pour 17 francs de viande, et a dépensé pour le vin 4^f,55 de plus que pour le pain. Quelle a été la dépense totale pour ces trois objets de consommation?

69. Trois sacs de blé pèsent : le premier $105^{kg},4$; le deuxième $3^{kg},9$ de plus, et le troisième $1^{kg},7$ de plus que le deuxième. Combien pèsent ensemble ces trois sacs?

70. Trois fûts d'huile contiennent : le premier $108^{lit},7$, le deuxième $9^{lit},5$ de plus que le premier, et le troisième $4^{lit},6$ de plus que le second. Quelle quantité d'huile contiennent ensemble ces trois fûts?

71. Quatre terrains ont été payés : le premier $764^{f},50$: le deuxième 345 francs, le troisième $82^{f},75$ de plus que le deuxième ; le quatrième autant que les deux premiers réunis. Quelle est la valeur totale de ces quatre terrains ?

72. Le total d'une addition est de 908,87. Si l'on double le premier nombre qui est de 86,5 et le troisième qui est 121,64, quel sera le nouveau total ?

73. Trois personnes se sont partagé une somme de $859^{f},45$. Quelle somme aurait-il fallu pour que la première reçût $37^{f},50$ de plus qu'elle n'a eu, et pour que la part de la deuxième fût augmentée de 106 francs ?

74. Un enfant ayant à additionner 7 nombres, a oublié les deux premiers qui étaient 59,826 et 187,53. Il a trouvé au total 1045,729. Quel total aurait-il obtenu s'il n'avait pas commis cette erreur ?

75. Un commerçant a revendu avec un bénéfice de $17^{f},50$ un objet qui lui coûtait $43^{f},50$, et a gagné 24 francs sur un autre objet qu'il avait payé 51 francs. Quelle a dû être sa recette totale pour la vente de ces deux objets ?

76. La pièce de 50 centimes a un diamètre de $0^{m}018$, celui de la pièce de 10 francs est de $0^{m},019$, et la pièce de 5 francs en argent a un diamètre égal à la somme des diamètres des deux pièces. Quelle longueur obtiendrait-on en plaçant en contact et en ligne droite une pièce de

50 centimes, une pièce de 10 francs et une pièce de 5 francs en argent?

77. Quatre sacs d'argent contiennent: le 1er 704f,85; le 2e 87f,50 de plus que le 1er; le 3e 45f,30 de plus que les deux premiers réunis; le 4e 189 francs de plus que le 2e et le 3e ensemble. Quelle somme totale renferment ces quatre sacs?

78. Trouver le total de 8 nombres dont le premier est 53,482; les autres augmentant successivement de 4,007.

79. Quatorze nombres vont en diminuant successivement de 3,904 et le dernier est 47,39. Quel est le total de ces quatorze nombres?

80. Un enfant place en ligne droite sur une route 15 cailloux distants les uns des autres de 2m,5. Il veut les réunir tous au premier, en partant de celui-ci et en ne portant qu'un caillou à la fois. Quel chemin devra-t-il parcourir pour réaliser son projet?

SOUSTRACTIONS.

81. 68,7 31,4		**82.** 86,39 43,94		**83.** 9,675 2,948	
84. 5,7346 3,5921		**85.** 93,47 35,2		**86.** 6,875 5,24	
87. 48,7836 9,478		**88.** 657,48 94,9		**89.** 76,3 45	
90. 87,59 41		**91.** 9,785 4		**92.** 74,508 30,28	
93. 84,629 38,3		**94.** 7,5681 5,39		**95.** 634,82 50	

96.	39,582	97.	64	98.	39
	0,75		2,8		14,68

99.	8	100.	9	101.	583
	2,457		5,4673		36,48

102.	16,05	103.	83,7	104.	19,08
	4,827		39,074		3,7096

105.	0,746	106.	48,3	107.	94
	0,09		35,768		6,0075

108.	1	109.	375,4	110.	4,008
	0,0071		7,009		0,0072

Problèmes sur la soustraction.

111. Deux ballots pèsent l'un $39^{kg},8$ et l'autre $24^{kg},5$. Quelle est la différence entre ces deux poids?

112. Un marchand a revendu $42^f,50$ une table qui lui coûtait 30 francs. Quel a été son bénéfice?

113. En vendant une pendule 86 francs, un horloger a gagné $27^f 50$. Combien lui avait-elle coûté?

114. Charles a 18 ans; dans combien d'années aura-t-il 30 ans et demi? (30,5).

115. Paul aura 45 ans dans 26 ans et demi; quel est son âge actuel?

116. Une personne a acheté une armoire pour $87^f 50$ et a donné en payement un billet de 100 francs; combien doit-on lui rendre?

117. Un marchand a reçu en paiement d'une glace un billet de 50 francs et a reçu $2^f,75$ de monnaie; quel est le prix de cette glace?

118. Je suis sorti avec 87^f,50, et il ne me reste plus que 52 francs. Combien ai-je dépensé en route?

119. Une personne achète deux objets dont l'un coûte 39 francs et l'autre 8^f,75 de moins. Quelle est la valeur de ce second objet?

120. Deux puits ont comme profondeur: l'un 19 mètres et demi, l'autre 24^m,75. Quelle est la différence de profondeur de ces deux puits?

121. Un réservoir dont la capacité est de 500 litres, ne contient que 307 litres et demi d'eau. Combien faudrait-il y en introduire encore de litres pour achever de le remplir?

122. Il manque à une charpente 3^m,46 pour avoir 25 mètres de long. Quelle est la longueur de cette charpente?

123. La pièce de 10 fr. pèse 3^{gr},2258 et la pièce de 10 centimes pèse 10 grammes. Combien la pièce de 10 centimes pèse-t-elle de plus que la pièce de 10 francs?

124. Deux personnes se sont partagé une somme de 407^f,85. L'une d'elles a eu 253^f,50; quelle a été la part de l'autre?

125. Deux baguettes ont : l'une 2^m,47 et l'autre 1^m,89. De combien faut-il diminuer la première pour qu'elle ne soit pas plus longue que la deuxième?

126. Pour acquitter un billet de 207 francs, j'ai dû emprunter 75^f,50 à mon ami. Quelle somme avais-je à ma disposition avant cet emprunt?

127. J'ai acheté une douzaine de cols pour 3^f,75; mais je voudrais les changer pour d'autres qui valent 4^f,50 la douzaine. Combien devrai-je payer comme supplément?

128. Le total d'une addition est 687,8. Quel sera-t-il si l'on recommence l'addition après avoir supprimé le 3e nombre, qui est 90,59?

129. Un commerçant en faisant sa caisse a trouvé une

recette de 872^f,85 ; mais il s'aperçoit qu'il a compté deux fois un rouleau de 50 francs. Quelle est sa recette réelle?

150. On promet à un domestique 400 francs de gages par an. Au bout de ce temps, il compte qu'il a reçu un paletot et 371 francs en argent. A combien doit-il estimer le paletot?

131. Deux châles ont été payés ensemble 247^f,50. On en reporte un au marchand qui rend 129 francs à l'acheteur; quel est la valeur de chacun de ces châles?

132. Une statue et son piédestal ont ensemble une hauteur de 7^m,28. Le piédestal seul a 2^m,45 ; quelle est la hauteur de la statue?

133. Quelle hauteur faut-il donner au fût d'une colonne de 9^m,75 pour que le fût et la colonne représentent ensemble une hauteur de 11 mètres?

134. Le reste d'une soustraction est 39,47. Que deviendra-t-il si l'on augmente de 14,08 le nombre à retrancher?

135. Deux personnes possèdent une somme différente La 1re ayant 46^f,35 de plus que l'autre, quelle sera la différence entre les deux parts si l'on diminue de 19^f,80 la part de la 1re sans toucher à celle de la 2e?

ADDITION ET SOUSTRACTION COMBINÉES.

Expressions à calculer.

136. (53,9 + 17,6) — (24,2 + 12,5).
137. (45,37 + 38,46) — (27,05 + 41,56).
138. (3,728 + 5,419) — (1,075 + 3,262).
139. (9,45 + 3,82 + 7,51) — (8,05 + 2,53 + 6,47).
140. (70,2 + 4,5 + 8,5) — (19,7 + 3,4 + 8,2).
141. (53,76 + 48,52 + 74,1) — (87,68 + 53,62 + 21,4).
142. (83,846 + 45,28 + 6,487) — (69,357 + 8,46).
143. (6,009 + 14,07 + 21,6) — (0,74 + 9,205 + 6,3).

144. $(34,9 + 6,7 + 52) - (48,6 + 7,51)$.
145. $(89,26 + 32,5 + 7) - (19 + 41,5)$.
146. $(37,469 + 60,7 + 8,45) - (5,4069 + 0,7 + 91)$.
147. $(400,5 + 0,75 + 9,2) - (18 + 43)$.
148. $(59,6 + 640 + 0,761) - (90,5 + 3 + 0,1)$.
149. $(729 + 37 + 0,058 - (64 + 0,85 + 7,0035)$.
150. $(84,3 + 3,4 + 19) - (0,76 + 9,538 + 0,0095)$.
151. $(47,5 - 18,9) + (53,46 - 17,5) + (10 - 4,8)$.
152. $(586 - 38,07) + (8,95 - 6) + (3,7 - 0,06)$.
153. $(74 - 8,83) + (39,6 - 4,8) - (63,07 - 56,4)$.
154. $(894 - 31,006) - (64 + 17,3) + (59,4 - 0,7)$.
155. $(3006 + 3,47 - 18,279) - (482,9 - 87,3 + 0,04)$.

PROBLÈMES SUR L'ADDITION ET LA SOUSTRACTION.

156. Deux personnes distantes de 650 mètres, viennent, en ligne droite, à la rencontre l'une de l'autre. Quelle distance les séparera lorsque l'une aura fait 187 mètres et l'autre 215 mètres?

157. Trois objets ont été payés ensemble 10^f,95. Deux de ces objets coûtent : l'un 2^f,75 et l'autre 5^f,30. Quelle est la valeur du 3e objet?

158. Dans une famille, le père, la mère et le fils gagnent ensemble 9^f,50 par jour. La mère gagne 2^f,50 et le fils 1^{f}25. Quel est le gain du père?

159. Une cuisinière sort avec 25 francs et achète un poulet pour 3^f,50, un kilogramme de bougie pour 2^f,75, une bouteille d'huile pour 3^f,40, une boîte de conserves pour 4^f,50 et une botte d'asperges pour 2^f,80. Combien a-t-elle dépensé et combien doit-il lui rester?

160. J'ai payé 5^f,10 pour un camélia, un rosier, une giroflée et un pot de réséda. Le réséda me coûte 0^f,35, la giroflée 0^f,50 et le rosier 1^{f}75. Quel est le prix du camélia?

161. Auguste a acheté pour 6^f,70 un atlas, une géographie, une Histoire de France et une grammaire. La grammaire lui coûte 0f,85, la géographie 1f,15 et l'histoire 1f,20. Quel est le prix de l'atlas?

161 *bis*. On a retiré successivement les 0,17, les 0,24 et les 0,3 du vin que contenait un tonneau. De combien s'en faut-il que ce tonneau soit vide?

162. Le total de 4 nombres est 195,10 et les trois premiers sont 53,08 — 27,5 et 9,05. Quel est le 4e?

163. Le total d'une addition était 164,87. On recommence l'opération après avoir augmenté l'un des nombres de 8,7 et diminué un autre de 50,06. Quel sera le nouveau total?

164. Une personne qui a acheté deux tabourets dont l'un coûte 3f,25, a donné en payement une pièce de 10 francs, et le marchand lui a rendu 3f,80. Quel est le prix de l'autre tabouret?

165. Un bijoutier achète une montre d'occasion pour 25 francs, y fait des réparations qu'il évalue à 6 francs et la revend 42f,50. Quel est son bénéfice?

166. Une troupe d'ouvriers doit paver en trois jours une rue sur une longueur de 153 mètres. Elle a pavé le 1er jour 47m,50 et le 2e jour 69m,70. Quelle longueur a-t-elle dû achever le troisième jour?

167. Léon a dépensé 8f,85 sur les 40 francs qu'il possédait; Charles a dépensé 26f,5 sur 60 francs qu'il avait. Lequel des deux possède le plus maintenant?

168. Il s'en faut de 3m,45 qu'une corde ait 20 mètres de longueur, et une autre corde a 6m,4 de moins que 25 mètres. Quelle longueur obtiendrait-on en mettant ces deux cordes bout à bout?

169. On a calculé que 100 grammes de lait de chèvre contiennent 86gr,8 d'eau, 4gr,02 de caséine, 3gr,32 de beurre, 0gr,58 de sels divers et une certaine quantité de sucre. Quelle est cette quantité de sucre?

170. Un libraire qui a vendu quatre ouvrages pour les

sommes suivantes : 12^f,75 — 14^f,50 — 9^f,50 et 8 francs n'a reçu de l'acheteur qu'un à compte de 25 francs. Combien lui est-il redû ?

171. J'ai acheté un cent de cahiers pour 7^f,50, quatre boîtes de plumes pour 4^f,80 et une boîte de porte plumes pour 3^{f}75. J'ai payé avec une pièce de 10 francs et une certaine quantité de monnaie. Combien ai-je donné de monnaie?

172. Un locataire a fait faire à un appartement des réparations pour les sommes suivantes : 47^f,75 — 28^f,80 — 105,50 et n'a encore donné que deux à comptes l'un de 45 francs et l'autre de 50 francs. Combien doit-il encore?

173. Il me manque 87 francs pour avoir 300 francs Combien me restera-t-il quand j'aurai payé un billet de 185 francs ?

174. La somme de quatre nombres est 708. On supprime le 3e qui est 85, on double le 1er et le 3e qui sont 247 et 306 et l'on recommence l'addition. De combien le total précédent sera-t-il augmenté?

175. Deux personnes se sont partagé une somme : la 1re a eu 189^f,50 et la 2e 37^f,45 de moins. Quelle est la part de la 2e et quelle est la somme partagée ?

176. Un manufacturier a livré trois pièces de toile ayant les longueurs suivantes : la 1re 45^m,50, la 2e 12^m,40 de plus que la 1re, et la 3e, 19 mètres de moins que la 2e. Quelles sont les longueurs respectives de la 2e et de la 3e pièce, et quelle est la longueur totale des 3 pièces?

177. On met sur une voiture quatre sacs de blé ayant les poids suivants : le 1er 86^{kg},3 ; le 2e 5^{kg},5 de moins ; le 3e 4 kilogrammes de plus que le 2e ; le 4e 2^{kg},9 de moins que le 3e. Quel est le poids total du chargement?

178. Paul, Gustave et Frédéric se partagent un certain nombre de noix proportionnellement à leur âge. Paul reçoit pour sa part 52 noix, Gustave 26 de plus, et Frédéric 13 de moins que Gustave. Combien de noix ont été partagées?

179. Le reste d'une soustraction est 68,86. On recommence l'opération après avoir augmenté le grand nombre de 28,49 et l'autre de 8,07. Quel sera le nouveau reste?

180. Un tonneau contenait 228 litres de vin. On en a tiré d'abord 87 litres puis 5 litres de plus que la première fois. Combien de litres a-t-on tirés, et combien en reste-t-il dans le tonneau?

181. Deux personnes distantes de 1645 mètres vont à la rencontre l'une de l'autre en suivant une même ligne droite. L'une fait d'abord 256 mètres, pendant que l'autre fait 308 mètres, et toutes deux s'arrêtent. Quelle distance séparera ces deux personnes lorsque la 1re aura encore parcouru 280 mètres et la 2e 324 mètres?

182. Un cultivateur vend du blé pour 452 francs et du seigle pour 209 francs à un commerçant qui ne lui a encore payé que deux à comptes : l'un de 500 francs, l'autre de 345 francs de moins que le précédent. Combien ce commerçant redoit-il?

183. Un horticulteur ayant planté 600 boutures de géraniums a dû en arracher 87 qui n'avaient pas repris. Sachant qu'il a vendu une 1re fois 180 et une 2e fois 50 de plus de celles qui avaient réussi, calculer combien il lui en reste.

184. Léon m'a prêté 7 francs qui, joints à la somme que je possédais déjà, m'ont permis d'acheter une table de 12^{f}50, une planche à dessin qui coûtait 5^f,75 de moins, et un bâton d'encre de Chine de 1^f,50. Après ces emplettes, il me reste 5^f,80. Combien avais-je d'abord?

185. Trois associés se partageant le bénéfice d'une entreprise reçoivent : le 1er 3745 francs, le 2e, 908 francs de moins, le 3e 2850 francs de moins que les deux autres ensemble. Dire la part de chacun et le bénéfice total.

186. Le total de 5 nombres 380,58. On diminue le 1er de 27,3 ; on augmente le second de 46,09 ; on diminue le 3e de 4,86, on augmente les deux derniers de chacun 14,07. Quel sera le total des nombres ainsi obtenus.

187. Sur une route de 4650 mètres de longueur et dont nous désignerons les extrémités par A et B , on marque un point C à 1083 mètres de A et un point D à 705 mètres de C en se dirigeant vers B. Dire la distance du point D au point B.

188. Quatre frères réunissent leurs économies pour acheter un cadeau à leur mère. Le 1er a 2f,85, le second 0f,35 de plus ; le 3e 1f,70 de moins que les deux autres ensemble ; le 4e 2f,45 de moins que le 3e. De quelle somme totale peuvent-ils disposer ?

189. Charles aura 45 ans dans 19 ans ; Jules aura 28 ans dans 9 ans, et Auguste a 16 de moins que les âges réunis de ses deux frères. Quel est l'âge d'Auguste ?

190. Trois ouvriers ont travaillé ensemble : le 1er a fait 29m,75 d'ouvrage et a reçu 31 francs ; le 2e a fait 5 mètres et demi de moins et a reçu 6f,50 de moins ; le 3e a fait 19 mètres, 8 de moins que les 2 autres réunis et a reçu 10f,40 de plus que le 2e. Quelle somme totale a-t-il fallu pour les payer et combien de mètres ont-ils faits à eux trois ?

191. On s'est acquitté d'une dette au moyen de cinq payements : le 1er de 285 francs, les autres diminuant successivement de 35 francs. A combien s'élevait cette dette ?

192. Un puits de 8 mètres de profondeur est payé à raison de 15 francs le 1er mètre, 23 francs le second, 31 francs le 3e et ainsi de suite en augmentant successivement de 8 francs pour chacun des autres mètres. Quelle somme doit-on ?

193. Un puits de 9 mètres de profondeur est payé à raison d'une certaine somme pour le 1er mètre, avec une augmentation successive de 12 francs pour chacun des huit autres. De cette façon le dernier mètre revient à 114 francs. Calculer la valeur de ce puits.

194. Faire le total des nombres pairs de 34 à 48 inclusivement et en retrancher celui des nombres impairs de 33 à 47.

195. Dans le nombre 3640953, faire la somme des chiffres de rangs pairs et la retrancher de la somme des chiffres de rangs impairs.

196. Que reste-t-il d'une pièce d'étoffe dont on a vendu successivement les 0,3, les 0,08 et les 0,41 ?

197. Deux robinets versent de l'eau dans un réservoir ; l'un peut le remplir seul en 103 heures, mais l'autre le remplirait seul en 10 heures seulement. Quelle position du réservoir peuvent-ils remplir ensemble en une heure ?

198. J'ai payé successivement les 0,25, les 0,34 et les 0,39 d'une dette. Quelle portion de cette dette ai-je encore à acquitter ?

199. Un particulier a dépensé les 0,21 de sa fortune, puis les 0,37 et enfin la perte d'une certaine somme réduit à ses 0,14 sa fortune primitive. Quelle portion de la fortune représente cette perte ?

200. De combien faut-il augmenter le grand nombre d'une soustraction pour que le reste soit doublé ?

NOVEMBRE.

Multiplication des nombres entiers et des nombres décimaux. — Définition de la multiplication quand le multiplicateur est décimal. — Règle pratique. — Exercices d'application. — Problèmes.

EXERCICES DE MULTIPLICATION.

201.   45 × 83   **202.**   347 × 53   **203.**   785 × 637

204.   8926 × 794   **205.**   9534 × 8653   **206.**   7406 × 58

207.   9047 × 86   **208.**   3846 × 705   **209.**   6928 × 906

210.   4107 × 6305   **211.**   3085 × 7082   **212.**   55 962 × 8605

213.   5340 × 290   **214.**   7900 × 2700   **215.**   53 800 × 8500

216.   8000 × 960   **217.**   74,5 × 6   **218.**   59,2 × 91

219.   7,53 × 4   **220.**   0,84 × 3   **221.**   0,19 × 5

222.   92,58 × 6   **223.**   39,57 × 49   **224.**   7,925 × 8

225.   0,134 × 6   **226.**   6,047 × 35   **227.**   19,008 × 450

228. 26,951 ×800

229. 27 ×4,6

230. 39 ×0,5

231. 473 ×3,4

232. 847 ×0,25

233. 9386 ×6,27

234. 7149 ×0,75

235. 5923 ×18,39

236. 17,4 ×3,2

237. 49,5 ×6,8

238. 7,46 ×3,2

239. 5,083 ×6,5

240. 9,538 ×6,47

241. 6,809 ×5,06

242. 395,1 ×4,63

243. 4,68 ×0,1

244. 9,0854 ×0,01

245. 18,45 ×0,001

246. 624,9 ×0,92

247. 0,856 ×34

248. 639,5 ×0,87

249. 91,583 ×0,125

250. 5,008 ×9,07

251. 0,064 ×31

252. 0,0236 ×84

253. 0,00829 ×53

254. 0,093 ×0,06

255. 0,0064 ×0,052

256. (37,4 × 6 × 0,5).   **257.** (0,96 × 5,7 × 8,94).
258. (5,809 × 37 × 4,6).   **259.** (25,4 × 8,6 × 0,07).
260. (0,01 × 7,806 × 63,5 × 0,07).

PROBLÈMES SUR LA MULTIPLICATION.

261. Trouver le prix de 24 pièces de vin à 146 francs la pièce.

262. Un stère de chêne pesant 450^{kg}, quel est le poids de 30 stères de ce bois?

263. Trouver la superficie d'un terrain rectangulaire de 250 mètres de long sur 108 mètres de large (surface = Longueur × largeur.)

264. Un litre de mercure pesant 13^{kg},59 trouver le poids de 8 litres de ce métal.

265. Quel est le prix de 6^m,4 de soie à 14 francs le mètre ?

266. On a partagé une somme entre 47 personnes et chacune a reçu 19^f,45. Quelle était la somme partagée?

267. La pièce de 100 francs en or pèse 32^{gr},258. Quel serait le poids d'une somme composée de 27 pièces de 100 francs.

268. Une personne a calculé qu'elle dépense en moyenne pour sa nourriture seule 4^f,90 par jour. A combien s'élève par an la dépense de cette personne pour sa nourriture?

269. Quel est le prix d'une pièce de ruban de 19^m,50 à raison de 1^f,25 le mètre?

270. Une pièce de vin a fourni 285 bouteilles d'une contenance moyenne de 0^{lit},8. Quelle était la capacité de cette pièce ?

271. Léon possède 82 francs et Charles 3 fois et demie (3,5) autant que Léon. Combien possède Charles?

272. Une famille consomme chaque semaine $10^{kg},45$ de pain. A combien de kg. s'élève cette consommation pour un an ?

273. Un hectolitre de blé pèse $68^{kg},7$; trouver le poids total, 1° de $1^h,2$; 2° de 4 sacs de chacun $1^h,2$.

274. J'ai acheté les 0,25 d'un coupon de drap de 15 mètres. Combien en ai-je eu de mètres ?

275. On vend les 0,38 d'une pièce de tresse dont le prix est de $1^f,50$. Quelle somme doit-on recevoir?

276. Trouver la valeur de 6 douzaines de chemises à $5^f,75$ la pièce ?

277. Une roue fait 14 tours par seconde. Combien en pourrait-elle faire en une minute? — en 6 minutes et demie ?

278. Lorsque le cent de rosiers vaut 45 francs, quel est le prix de 37 rosiers? — de 200 rosiers? — de 250 rosiers?

279. Le carré d'un nombre s'obtient en multipliant ce nombre par lui-même. Trouver le carré de 2,96 ? — de 0,38 ? de 0,054?

280. La surface d'un cercle s'obtient en multipliant le carré du rayon par le nombre 3,1416. Trouver la surface d'un cercle de 4 mètres de rayon.

281. Calculer la superficie d'une pelouse circulair- ayant $7^m,25$ de rayon.

282. Deux ouvriers travaillant ensemble à un ouvrage en ont fait : le 1er, les 0,52 et le second les 0,8 de la part du 1er. Quelle portion de l'ouvrage a faite le second ouvrier?

283. Combien y a-t-il de minutes et de secondes dans $4^h,25$?

284. L'eau en se congelant augmente des 0,075 de son volume. De combien 20 litres d'eau augmenteraient-ils en se congelant ?

285. Le mille d'ardoises coûtant 52 francs, à combien

reviendraient 585 ardoises? — 100 ardoises? — 2500 ardoises?

286. On a versé dans une fontaine 9 seaux et demi d'eau de chacun 14^{lit},35. Combien de litres d'eau doit contenir cette fontaine ?

287. La distance de la Terre à la Lune est estimée à 60 fois la longueur du rayon terrestre. Calculer cette distance sachant que le rayon de la Terre (supposée sphérique) est de 6366^{km},197.

288. Le karat (unité de mesure pour les diamants) valant 0^{gr},2055, calculer en grammes le poids d'un diamant de 27 karats ?

289. La valeur approximative d'un diamant brut s'obtient en multipliant par 50 francs le carré du poids évalué en karats. Calculer la valeur d'un diamant pesant 14 karats ?

290. Une boîte de plumes revenant à 0^f,65, que valent 8 douzaines de boîtes ? — Que valent 40 boîtes ?

291. Auguste a 37 francs, Charles n'a que les 0,45 de cette somme. Combien possède Charles?

292. Dans le partage d'une succession, trois personnes ont reçu : la 1re 8500 francs; la 2e les 0,45 de la part de la 1re, et la 3e les 0,8 de la part de la seconde. Combien ont reçu la 2e et la 3e?

293. Un terrain est divisé en trois lots : le 1er a 400 mètres carrés, le 2e a une surface égale aux 0,9 de celle du premier ; la surface du 3e vaut les 0,875 de celle du second. Calculer en mètres carrés la superficie de ce troisième lot.

294. Quel est le prix de 15 pièces de ruban de velours de chacune 27 mètres à raison de 1^f,85 le mètre?

295. Trouver le prix de 9 fûts d'huile de chacun 106 kilogr. à raison de 1^f,70 kilogr.

296. On a 17 mètres de ruban pour 1 franc; combien en aura-t-on pour 4^f,30?

297. Que valent ensemble 8 sacs de crin de chacun 6^{kg},75 à raison de 4^f,25 le kilogramme?

298. Quelle longueur totale de fil y a-t-il dans 12 boîtes de chacune 20 pelotes, chaque pelote contenant 50 mètres de fil?

299 Pour peindre une surface de 1 mètre carré, on emploie 0^{kg},138 de peinture à 0^f,20 le kilogr. A combien reviendrait la peinture nécessaire pour une surface de 31 mètres carrés,5 ?

300. L'alcool pesant 0^{kg},75 par litre et valant 6 francs le kilogr. Quel serait le prix de l'alcool contenu dans un flacon de 9 litres, 8 de capacité?

ADDITION ET MULTIPLICATION.

Expressions à calculer :

301. $(7,4 + 18,2) \times 57$.

302. $(18,5 + 0,38 + 3,07) \times 8,3$.

303. $(45,2 + 8,6 + 31) \times (6 + 0,4)$.

304. $(5,24 + 3,5) \times (8,9 + 6,07)$.

305. $(3,74 \times 5,2) + (6,37 \times 4,6)$.

306. $(5,807 \times 0,03) + (0,8 \times 7,009)$.

307. $(45,2 \times 0,1) + (7,406 \times 3) + (6,09 \times 5,2)$.

308. $(7,4 \times 5 \times 6,3) + (8,2 \times 5,1 \times 6)$.

309. $(8,906 \times 2 \times 5) \times (7,08 \times 7)$.

310. $[(0,078 \times 4,6) + (3,75 \times 8)] \times (9,4 + 6,02)$.

PROBLÈMES.

311. Que valent ensemble deux pièces de vin, l'une de 224 litres, l'autre de 228 litres, à raison de 0^f,70 le litre ?

312. Deux blocs de marbre ont comme volume : l'un 1 mètre cube, 45 et l'autre 0 mètre cube, 95. Quel est le poids de ces deux blocs réunis, sachant qu'un mètre cube de marbre pèse 27 quintaux, 17?

313. On achète deux coupons de toile, l'un de 17^m,40 et l'autre de 8^m,80, à raison de 1^f,85 le mètre. Quelle somme doit-on payer?

314. Un marchand revend avec un bénéfice de 47^f,55 un coupon de drap de 8^m,7 qui lui a coûté 9^f,25 le mètre. Quelle somme retirera-t-il de cette vente?

315. Que dois-je payer pour 20 litres d'encre à 0^f,45 le litre et 8 douzaines de crayons à 0^f,35 la douzaine?

316. Une personne achète 3^{kg},5 de chocolat à 4^f,50 le kilogramme et 5 kilog. de café à 6^f,5 le kilog. Quelle somme doit-elle?

317. Une pièce de 5 francs en or pèse 1^{gr},6129 et une pièce de 1 franc pèse 5 grammes. Que pèsent ensemble : 1° une pièce de 5 francs et une pièce de 1 fr.? 2° Vingt pièces de chaque sorte?

318. Que valent ensemble six caisses de bougies de chacune 7^{kg},5 à 2^f,10 le kilog. et neuf caisses de chacune 12 kilog. à 2^f,25 le kilog.?

319 Une personne me devait 19^f,75. Je lui ai fourni 16 kilog. d'huile à 2^f,50 le kilog. et 3 pains de sucre de chacun 6^{kg},4 à 1^f,60 le kilog. Combien me doit maintenant cette personne?

320. Un négociant m'avait fourni un fût de cognac de 25 litres à raison de 2^f,75 le litre, et vient encore de m'envoyer 50 litres de rhum à 2^f,20. Combien lui dois-je?

321. Un marchand achète à la campagne 12 pièces de vin de chacune 105 francs, et paye à l'octroi de Paris 58 francs par pièce; le transport revient à 74 francs pour les 12 pièces. Quelle somme totale déboursera ce marchand?

322. On met sur une voiture 8 sacs de blé pesant

chacun 87 kilog. et 6 sacs d'orge de chacun 54 kilog. Quel est le poids total du chargement?

523. Une lampe, allumée 4 heures et demie par soirée, brûle par heure 65 grammes d'huile à 0^f,85 le demi-kilog. A combien s'élèvent les frais d'éclairage pour un mois de 30 jours?

324. Un marchand achète 24 sacs de pommes de terre de 0^{hect},8 à raison de 5^f,50 les 100 kilog. Sachant qu'un hectolitre de pommes de terre pèse environ 80 kilog., calculer ce que doit payer ce marchand?

525. Eugène a 57^f,40; Léon a les 0,5 de la part de Eugène. Combien possèdent-ils à eux deux?

526. On mêle 107^{lit},5 de vin à 0^f,45 le litre et 98 lit. à 0^f,50. Combien a-t-on de litres de mélange et quelle en est la valeur totale?

527. Dans une famille, le père gagne 0^f,65 par heure, la mère 0^f,35 et le fils 0^f,40. Combien gagnent-ils ensemble dans une journée où le père travaille 11 heures, la mère 6 heures et le fils 8 heures?

528. Un nourrisseur achète 350 bottes de foin à 0^f,45 et 43 hectolitres d'avoine à 11^f,75 l'hectol. Il ne paye que les 0,4 de ce qu'il doit. Combien débourse-t-il?

529. Un marchand a du savon qui lui coûte 0^f,76 le kilog. et qu'il revend avec un bénéfice égal au 0,25 du prix d'achat. Quel bénéfice lui procurera la vente de 35 kilog. de ce savon?

550. Un ouvrier a fait les 0,47 d'un ouvrage qui doit être payé 50 francs. Un apprenti n'a exécuté que les 0,38 de la besogne faite par cet ouvrier. Combien ont-ils gagné à eux deux?

SOUSTRACTION ET MULTIPLICATION.

Expressions à calculer :

531. $(649,5 - 231,8) \times 5,6$.

532. $7,8 \times (9,2 - 6,07)$.

533. $(14,7 - 9,3) \times (8 - 2,5)$.

534. $(47 - 0,6) \times (19 - 5,3)$.

535. $(86,5 - 18) \times (6,7 - 3,4) \times (1 - 0,1)$.

536. $(58,07 - 25) \times (2 - 0,02) \times (3 - 2\ 9)$.

537. $(74,6 \times 5,3) - (6,05 \times 8)$.

538. $(9,26 \times 7,01) - (5,09 \times 0,07)$.

539. $(2,7 \times 0,5 \times 0,3) - [(81 - 77) \times 0,05]$.

540. $[(46,2 \times 0,06) - 1,5] - [(8,7 - 2,09) \times 0,8]$.

PROBLÈMES.

541. Un fût contenait 240 litres de cidre; on en a tiré 107^{lit},5 et l'on vend le reste à raison de 0^{f},35 le litre. Combien recevra-t-on?

542. Un particulier achète 84 bottes de paille à 0^{f},55 la botte et ne donne qu'un à-compte de 38 francs. Que redoit-il?

543. Une personne a occupé pendant 42 journées à 1^{f},75 une ouvrière qui lui devait 50 francs. Combien a dû recevoir cette ouvrière si on lui a retenu sur le prix de son travail la somme qu'elle devait?

544. Un horticulteur avait planté 200 rosiers dont 24 sont morts. Il revend les autres à raison de 0^{f},35. Combien lui est-il dû?

545. Un épicier revend 1^{f},50 le kilogramme, du sucre qui lui revient à 1^{f},47. Combien gagne-t-il sur un pain de sucre de 8^{kg},7? — Sur 10 pains de sucre?

546. Un libraire revend 9^{f},25 des ouvrages qui lui coûtent 7,'75. Trouver son bénéfice sur 8 douzaines de ces ouvrages?

347. Une personne achète 5^{kg},25 de laine à 5^f,75 le kilog. et donne en paiement deux pièces de 20 francs. Combien lui rendra-t-on?

348. Un ouvrier fait en un jour les 0,17 d'un travail; un apprenti en fait les 0,045 de moins que l'ouvrier. Quelle portion de l'ouvrage fera l'apprenti en quatre jours?

349. Le produit d'une multiplication est 10 063 et le multiplicande 347. Quel sera le nouveau produit si l'on recommence l'opération après avoir diminué le multiplicateur de 7 unités?

350. Il fallut 327^f,25 pour donner à un certain nombre de personnes 19^f,25 chacune. Quelle somme aurait été nécesaire s'il y avait eu 3 personnes de moins?

351. Un verrier achète à un propriétaire 3 pièces de vin à 118 francs la pièce et lui donne en échange 1800 bouteilles à 19 francs le cent, plus un certain appoint. Quel est cet appoint?

352. Une famille a bu dans un mois 71 litres de vin à 0^f,65 le litre, et le mois suivant seulement 52 litres à 0^f,75. Quelle économie a-t-elle faite le deuxième mois?

353. Léon reçoit 0^f,75 de son père quand il est le premier en composition; mais il est aussi convenu qu'il lui donnera 0^f,25 chaque fois qu'il n'obtiendra pas cette place. Combien doit posséder Léon après 12 compositions dont 7 seulement ont été bonnes?

354. Un faïencier qui avait acheté 100 vases à fleurs pour 27 francs en trouve 9 de cassés et revend les autres 0^f,45 la pièce. Quel bénéfice réalisera-t-il sur la vente des vases qui lui restent?

355. Une lampe brûle par heure 0^{kg},065 d'huile à 1^f,30 le kilog. On obtiendrait la même clarté avec 0^f,11 de bougies. Quelle économie présente : 1° pour 4 heures? 2° pour 20 soirées de 4 heures l'éclairage à la lampe?

356. Une personne gagne 18) francs par mois et dépense en moyenne 5^f,45 par jour. A combien s'élèvent ses économies annuelles ?

357. Deux tableaux ont été vendus : l'un 750 francs, l'autre les 0,85 du prix du premier. Quel est l'excédant du prix du premier sur celui du second?

358. Pour faire une robe il faut, selon la largeur de l'étoffe, 14 mètres de soie à 6^f,75 ou 12^m,50 à 7^f,25. Laquelle de ces deux étoffes est-il préférable de choisir?

359. On recommence une soustraction après avoir quadruplé le grand nombre qui est 39 et augmenté de 17 unités le plus petit. De combien sera augmenté le reste obtenu la première fois?

360. La surface d'une couronne circulaire s'obtient en multipliant par le nombre 3,1416 la différence des carrés des rayons. Calculer la superficie d'une couronne dont les rayons ont 5^m,40 et 6^m,85.

ADDITION, SOUSTRACTION ET MULTIPLICATION.

Expressions à calculer :

361. $(47,3 + 9,85) \times (31,8 - 14)$.

362. $(82 - 36,07) \times (19 - 0,06)$.

363. $(31 + 47,3 - 1,007) \times (1 + 0,75)$.

364. $(49 - 0,064) \times (53,6 - 2,05)$.

365. $(39,7 \times 5,1) + (4 - 2,086)$.

366. $(19 - 4,53 + 9,516) \times (7,8 + 0,01)$.

367. $(482 - 36,07) \times (8,31 + 0,5 - 1,7)$.

368. $(37,4 \times 8) + (0,01 \times 74) - (8,05 \times 9)$.

369. $[(82,71 - 30,06) \times 4,2] \times (0,19 \times 5)$.

370. $[(3,705 + 8,6) \times 0,4] - [(9 - 0,001) \times 0,47]$.

PROBLÈMES.

571. André a dans sa bourse 4f,25 ; Charles n'a que les 0,8 de cette somme. Combien possèdent-ils à eux deux ?

572. Une pièce de drap achetée 637 francs sera revendue avec un bénéfice de 205 francs. Quelle somme retirera-t-on de la vente des 0,3 de cette pièce ?

573. Un marchand revend avec un bénéfice égal aux 0,25 du prix d'achat une pièce de toile qui lui a coûté 152 francs. Quelle somme retirerait-il de la vente des 0,85 de cette pièce de toile ?

574. Un ouvrier et un apprenti travaillent ensemble à un ouvrage. L'ouvrier en fait les 0,08 en une heure, mais l'activité de l'apprenti n'est que les 0,7 de celle de l'ouvrier. Quelle portion de l'ouvrage font-ils ensemble par heure ?

575. Deux personnes s'étant partagé une somme, l'une d'elles a reçu 46 francs de plus que l'autre. Quelle aurait été la différence entre les deux parts si, doublant la somme à partager, on avait laissé intacte la plus petite part ?

576. Un menuisier fait raboter à la mécanique, sur les deux faces, 350 planches de 3m,10 de long à raison de 0f,025 par mètre et par face. Combien devra-il payer ?

577. Lorsqu'on obtient une remise égale aux 0,05 du prix d'achat ; 1° quelle portion de ce prix paye-t-on ? 2° combien paye-t-on sur 100 francs ? 3° combien paye-t-on un objet estimé 1 franc ?

578. Un commerçant vend 14 pièces de vin à raison de 109 francs la pièce et fait une remise des 0,03 à condition qu'on le paye comptant. Quelle somme devra lui payer l'acheteur ?

579. Un tas de blé de 27hect,4 a perdu en se desséchant

les 0,17 de son volume. Combien trouverait-on d'hectol. en le mesurant actuellement?

580. J'ai revendu à raison de 4 francs le litre, 25 litres d'un cognac qui me coûtait 3^f,35, et j'ai fait une remise des 0,02. Quel est mon bénéfice réel sur cette vente?

581. Quand on gagne les 0,05 du prix d'achat, combien revend-on ce qui a coûté 1 franc? — ce qui a coûté 100 francs?

582. Une pièce de mousseline a coûté 37 francs; on veut la revendre avec un bénéfice égal aux 0,2 du prix d'achat. Quel sera le prix de vente?

583. Une pièce de velours de 24 mètres a été payée 10^f,50 le mètre. Quel en serait le prix de vente si l'on voulait gagner les 0,25 du prix d'achat?

584. J'ai acheté 400 pains de sucre à raison de 8^f,30 la pièce, et j'ai obtenu une remise des 0,06. Quel sera mon bénéfice si je les revends 9^f,20 la pièce?

585. Un commerçant a en magasin 86 balles de café qu'il devait payer 31^f,50 chacune, mais pour lesquelles il a obtenu une remise des 0,05. Quel sera son bénéfice s'il les revend à raison de 42 francs la balle, en faisant une remise des 0,04?

586. J'ai acheté 34 sacs de blé estimés chacun 27 francs et j'ai obtenu une remise des 0 05. Je veux les revendre en gagnant les 0 28 de ce qu'ils m'ont coûté réellement. Quel bénéfice total me procurera cette vente?

587. Augmentez de ses 0,3 le nombre 287.

588. Le produit obtenu dans une multiplication est 498. Que deviendra-t-il si l'on augmente le multiplicateur, 1° de ses 0,5? 2° de ses 0,48?

589. Une personne qui possédait 82 000 francs en a perdu les 0,25. Combien lui reste-t-il?

590. Un particulier a augmenté de ses 0,15 sa fortune qui était de 35 700 francs. Combien possède-t-il maintenant?

391. Un ouvrier n'a fait que les 0,88 d'un travail pour lequel on lui avait promis 100 francs. Combien a-t-il perdu à ne pas achever ce travail?

392. J'avais 500 francs; j'en ai dépensé les 0,4 puis les 0,35. 1° Quelle portion de cette somme me reste-t-il? 2° Quelle somme me reste-t-il?

393. Une somme de 15 000 francs que j'ai placée dans le Commerce m'a rapporté un bénéfice égal à ses 0,3. Quelle somme totale représente le capital primitif joint au bénéfice?

394. Un marchand vend à un amateur avec les 0,45 de bénéfice un tableau qu'il avait payé 800 francs. L'amateur revend à son tour le tableau en gagnant les 0,2 du prix qu'il lui coûtait. Quel a été le dernier prix de vente?

395. Auguste achète un panier de pommes pesant 41^{kg},7 à raison de 0^f,17 le kilog, et revend le tout 9 francs. Quel est son bénéfice ?

396. Une fermière vend 200 œufs à 9^f,50 le cent, et 17 kilogs de beurre à raison de 2^f,30 le kilog. Avec le produit de cette vente elle paye 9^m,60 d'étoffe; à 1^f,25 le mètre. Que lui restera-t-il?

397. Diminuez le nombre 48 de ses 0,014.

398. 27 personnes se sont partagé une somme ; 14 d'entre elles ont reçu chacune 40^f,75 et les autres 37^f,20. Dire la somme partagée?

399. J'ai perdu successivement les 0,25 et les 0,3 de mon avoir qui était de 27 000 francs. Combien me reste-t-il?

400. Un instituteur a 38 élèves; 12 lui payent 9 francs par mois; 15 lui payent 7 francs, et les autres 5 francs. Combien reçoit-il par mois? — pour 10 mois?

401. On mélange 109 litres de vin à 0^f,60 avec 94 litres à 0^f,65 et l'on revend 0^f,70 le litre du mélange. Quel bénéfice total réalisera-t-on?

402. On a promis 800 francs à un ouvrier pour un travail. Il n'en peut faire que les 0,7 et se fait aider par son fils qui en fait les 0,25. Quelle somme recevra l'ouvrier pour son travail et celui de son fils?

403. Trois coupons de percale ont : le 1er, 14m,6; le 2e, 3m, 2 de plus; le 3e, 11m, 3 de moins que les deux autres ensemble. Quelle somme produirait la vente de ces trois coupons à raison de 0f,85 le mètre?

404. Trois pièces de vin contiennent : la 1re, 220 litres la 2e, 8 litres de plus; la 3e les 0,5 des 2 autres réunies. Combien retirerait-on de la vente de ces 3 pièces à raison de 0f,67 le litre ?

405. Deux pièces de cretonne ont : la 1re, 58 mètres et la 2e, les 0,7 de la longueur de la 1re. Quelle somme produirait la vente de ces deux pièces : la 1re à 0f,80 le mètre et la 2e à 0f,95?

406. Un marchand a revendu 0f,55 le demi-kilog un sac de riz pesant 35 kilogs, et lui revenant à 0f,80 le kilog. Quel bénéfice réel aura-t-il, s'il donne aux pauvres les 0,20 du prix de vente ?

407. Un marchand a vendu 32 paniers de fraises à raison de 2 francs le panier, et 40 autres paniers valant chacun les 0,75 du prix des précédents. Combien a-t-il dû recevoir?

408. Un bassin a une capacité de 5800 litres. Un robinet peut en remplir les 0,4 en une heure; un 2e robinet a un débit égal aux 0,8 de celui du 1er. Combien de litres d'eau pourront-ils fournir ensemble au bassin en une heure? — en 1 heure et demie (1 heure, 5)?

409. Un commerçant achète 3 sacs de lentilles de chacun 40 litres à 0f,45 le litre, 2 sacs de haricots de 35 litres à 0f,55 le litre, et 45 kilogs de riz à 0f,75 le kilog. Combien devra-t-il payer s'il obtient une remise des 0,04 ?

410. J'ai acheté 105 kilogs de farine à 0f,57 le kilog;

3 sacs de blé de chacun 85 kilogs à 45 francs les 100 kilogs, et 24 décalitres d'avoine à 1ᶠ,20 le décalitre. J'obtiens une remise égale aux 0,06 du prix d'achat, et je revends le tout avec un bénéfice égal aux 0,15 de ce qu'il m'a coûté réellement. Quelle somme ai-je dû recevoir?

411. L'année moyenne comprenant 365 jours, 5 heures, 48 minutes, 54 secondes, calculer de combien de secondes elle se compose?

412 Un marchand de jouets vend 17 ballons à 1ᶠ,25 la pièce, 12 cerceaux à 0ᶠ,65 et 5 autres à 0ᶠ,50. Il gagne ainsi 7ᶠ,75. A combien lui revenait le tout?

413. Un instituteur veut récompenser des élèves en leur donnant des billes; s'il donne à chacun 15 billes il lui en restera 7, mais s'il voulait leur en donner 16, il lui en manquerait une. Combien cet instituteur a-t-il de billes et combien veut-il récompenser d'élèves?

414. On veut entourer d'un treillage qui coûtera 3ᶠ,75 le mètre un terrain rectangulaire de 38ᵐ,7 de longueur et 26ᵐ,8 de largeur. Quel sera le prix de ce treillage?

415. Une personne avait acheté un piano de 1000 francs. Elle a payé d'abord les 0,75 de ce prix, puis les 0,5 du reste. Que redoit-elle?

416. Trouver le total de 5 nombres dont le premier est 47, chacun des suivants étant les 0,3 de celui qui le précède.

417. De combien les 0,37 de 49 francs dépassent-ils les 0,3 des 0,75 de 32ᶠ,50?

418. Le 0,1 de ce que possède François, égale le 0,01 de ce que possède Lucien. Celui-ci ayant 8ᶠ,50, que possède-t-ils à eux deux?

419. Trouver un nombre dont la 29ᵉ partie diminuée de 4,87 donne 72 pour reste?

420. De combien faut-il augmenter un nombre pour qu'il se trouve multiplié par 1,089?

DÉCEMBRE.

Division des nombres entiers et des nombres décimaux. — Différence des cas suivant que le diviseur est entier ou décimal. — Règle pratique pour le premier cas. — Le second cas se ramène au premier. — Trouver le quotient de deux nombres, entiers ou décimaux, à moins de 0,1 près, à moins de 0,01 près, etc. Exercices d'application. — Problèmes.

EXERCICES SUR LA DIVISION.

421. 49776 : 48.

422. 46155 : 85.

423. 24180 : 52.

424. 22792 : 74.

425. 34476 : 68.

426. 38979 : 61.

427. 85258 : 94.

428. 87808 : 98.

429. 14965 : 205.

430. 19555 : 307.

431. 59556 : 709.

432. 31652 : 386.

433. 55468 : 578.

434. 69509 : 781.

435. 65262 : 894.

436. 200605 : 757.

437. 328872 : 852.

438. 389114 : 769.

439. 7203085 : 8405.

440. 5292474 : 9078.

441. 7369955 : 7465.

442. 5042499 : 6391.

443. 31406082 : 8907.

444. 37953084 : 5876.

445. 531117540 : 6395.

446. 17020 : 460.

447. 28420 : 580.

448. 45050 : 850.

449. 62900 : 740.

450. 54400 : 850.

451. 19500 : 500.

452. 487200 : 8700.

453. 1918000 : 3500.

454. 268000 : 4000.

455 102700 : 395.

456. 5943200 : 8740.

457. 1470,6 : 43.

458. 4730,4 : 54.

459. 6190,8 : 66.

460. 192,66 : 39.

461. 545,28 : 96.

462. 493,05 : 57.

463. 3393,444 : 354.

464. 2523 : 58 (à moins d'un dixième près).

465. 26002,9 : 385.

466. 3414,96 : 65.

467. 360,4 : 6,8.

468. 241,5 : 3,5.

469. 539,4 : 8,7.

470. 2955,2 : 39,8.

471. 514200,7 : 746,3.

472. 282,51 : 6,5 .

473. 715,68 : 8,52.

474. 260,16 : 2,71.

475. 2698,64 : 48,19.

476. 7554,95 : 9,85.

477. 12,756 : 0,268.

478. 153,218 : 1,846.

479. 6063,508 : 7,253.

480. 1675,952 : 45,296.

481. 548,405 : 0,649.

482. 102,96 : 26,4.

483. 512,04 : 75,3.

484. 38,269 : 5,39.

485. 49,932 : 8,76.

486. 19,8186 : 6,834.

487. 148,5225 : 3,075.

488. 52,248 : 5,9.

489. 57,646 : 8,2.

490. 63,894 : 6,9.

491. 6,853 : 0,7.

492. 71,4402 : 38,7.

493. 343,8005 : 50,3.

494. 0,228 : 0,06.

495. 0,785 : 0,17.

496. 0,8339 : 0,269.

497. 0,0378 : 0,027.

498. 0,01504 : 0,0094.

499. 22,8 : 38.

500. 143,5 : 287.

501. 33,93 : 39.

502. 44,88 : 68.

503. 0,408 : 24.

504. 3,132 : 87.

505. 2,3564 : 274.

506. 19 : 38.

507. 36 : 45.

508. 528 : 825.

509. 369 : 4920.

510. 513 : 684.

511. 7 : 386 (à moins d'un millième près).

512. 93 : 372.

513. 2 : 7605 (à moins d'un dix-millième près par *défaut*).

514. 824 : 6592.

515. 1 : 487 (à moins d'un cent-millième près par *excès*).

516. 282 : 0,6.

517. 315 : 0,9.

518. 86 : 0,34 (à moins d'un millième près par *excès*).

519. 69 : 7,24 (à moins d'un millième près par *défaut*).

520. 38 : 6,247 (à moins d'un dix-millième près par *défaut*).

521. 2 : 0,343 (à moins d'un cent-millième près par *défaut*).

Calculer avec trois chiffres significatifs *au moins* au quotient, les divisions suivantes :

522. 1 : 0,048.

523. 3 : 6,245.

524. 40 : 3,8.

525. 620 : 5,3.

526. 3400 : 9,6.

527. 2 : 0,008.

528. 29,7 : 0,35.

529. 84,2 : 0,55.

530. 3,9 : 0,75.

531. 0,7 : 0,82.

532. 3,6 : 0,574.

533. 0,8 : 0,045.

534. 64,9 : 3,627.

535. 3,2 : 0,0654.

536. 6,4 : 0,0085.

537. 0,8 : 0,0125.

538. 93,3 : 47,52.

539. 8,72 : 0,0037.

540. 6,2 : 0,058.

541. 3752 : 4,7.

542. 286 : 5,93.

543. 0,068 : 0,5.

544. 3,006 : 94,2.

545. 0,037 : 0,046.

546. 0,009 : 8.

547. 0,0747 : 0,9.

548. 0,0078 : 0,03.

549. 0,0607 : 0,0005.

550. 0,00035 : 0,07.

551. 639 : 0,1.

552. 748 : 0,01.

553. 805 : 0,001.

554. 24,6 : 0,1.

555. 3,95 : 0,01.

556. 14,271 : 0,001.

557. 63,64 : 0,1.

558. 37,8 : 0,01.

559. 1,985 : 0,01.

560. 0,007 : 0,001.

PROBLÈMES SUR LA DIVISION.

561. Partager 22 538 francs en 59 parts égales.

562. 47 personnes se sont partagé également une somme de 1339^f,50. Quelle a été la part de chaque personne ?

563. On veut mettre 35000 pommes dans 14 paniers

qui en contiennent autant l'un que l'autre. Combien faut-il mettre de pommes dans chaque panier?

564. Avec 225 grammes de poudre, on a confectionné 500 cartouches de chasse. Combien de grammes de poudre contenait chaque cartouche?

565. 149 mètres carrés de terrain ont été payés 3874 francs. Quel était le prix du mètre carré?

566. Un tas de bois de sapin de 4 stères, 6 pèse 1495^{kg}. Quel est le poids moyen d'un stère de ce bois?

567. 50^{kg}. de sucre ont été payés 82^f,50; quel est le prix du kilogramme?

568. Une famille a payé 5 francs pour 12^{kg},5 de pain consommés en une semaine. Combien a-t-elle payé le kilogramme de pain?

569. Une pièce de ruban de 36 mètres vaut 30^f,60. Quel est le prix d'un mètre de ce ruban?

570. Combien de fois 3^m,80 sont-ils contenus dans 330^m,60?

571. Avec une pièce de toile de 58^m,50, combien peut-on faire de coupons de chacun 3^m,25?

572. Combien une barrique de cidre de 300 litres peut-elle fournir de cruchons de 0^{lit},75?

573. Un employé gagne 2100 francs par an. Combien cela fait-il par mois?

574. Une roue fait 14820 tours en 38 minutes. Combien fait-elle de tours par minute?

575. Une machine a tissé 57 m, 6 d'étoffe en 9 heures; combien de mètres a-t-elle tissés en moyenne par heure?

576. Un ouvrier a gagné 2^f,10 en 3 heures et demie (3^h,5) de travail. Combien a-t-il gagné par heure?

576 *bis.* 9 fois ce que je possède valent 61^f,65. Combien ai-je actuellement?

577. Les 0,75 de ce que possède Etienne valent 6^f,45. Que possède-t-il?

578. Pour 6 francs on a eu |24 mètres de galon. Que coûte le mètre?

579. 0^m,8 d'étoffe revenant à 4^f,60, que coûte le mètre?

580. Lorsque le mètre de soie vaut 7^f,25 combien en aurait-on de mètres pour 87 francs?

581. On a payé 35^f,10 le drap nécessaire pour faire une redingote. Ce drap revenant à 19^f,50 le mètre, combien de mètres a-t-on pris?

582. Une bouteille de vin d'une capacité de 0^lit,80 étant payée 1^f,50, à combien revient le litre?

583. Pour combien de journées de travail a-t-on donné 88^f,35 à un ouvrier qui gagne 5^f,70 par jour?

584. Combien faut-il de sacs d'orge de chacun 57^kg,50 pour peser 1035^kg?

585. En revendant un objet avec un bénéfice égal aux 0,15 du prix d'achat, j'ai gagné 7^f,20. Quel était ce prix d'achat?

585 *bis*. En revendant avec un bénéfice de |12 francs un objet qui lui a coûté 20 francs, quelle portion du prix d'achat gagne le marchand?

586. Un marchand de meubles vend 78 francs un meuble qui lui revenait à 65 francs. Quel est le rapport du prix de vente au prix d'achat?

587. En vendant un tableau 784 francs, un marchand compte qu'il gagne les ,0,4 ,de ce qu'il lui avait coûté. Combien avait-il payé ce tableau?

588. Une personne ayant augmenté sa fortune de ses 0,08 se trouve posséder 333720 francs. Quelle était la fortune primitive de cette personne?

589. J'achète une pièce de vin pour une certaine somme. J'obtiens une remise des 0,03 de la valeur et je ne dois ainsi que 116^f40. Quel est le prix de la pièce?

590. Une fontaine dont on a vidé les ,0,40 contient encore 384 litres d'eau. Trouver la capacité de cette fontaine.

591. On m'a payé 20^f,35 pour les 0,37 d'un travail. Combien aurais-je reçu si j'avais achevé ce travail?

592. Un tas de blé, ayant perdu par la dessication les 0,12 de son poids, ne pèse plus que 57^{kg},20. Quel en était le poids primitif?

593. Emile possède les 0,6 de ce que possède Jean et ils ont ensemble 55^{f}20. Quelle est la part de chacun?

594. Auguste a 6 fois autant de billes que Charles et ils en possèdent à eux deux 175. Combien chacun en a-t-il?

595. On augmente un nombre de 243 et il se trouve ainsi multiplié par 7. Quel est ce nombre?

596. Une personne qui vient de recevoir 190 francs se trouve posséder 5 fois autant qu'auparavant. Combien possédait-elle d'abord?

597. En tirant 171 litres d'une pièce de vin on en réduit le contenu à ses 0,25. Combien cette pièce renfermait-elle de litres de vin?

598. Un réservoir dans lequel on a déjà versé 2244 litres d'eau, n'est plein qu'aux 0,85. Quelle est la capacité de ce réservoir?

599. Quelle portion du prix d'achat représente le bénéfice que l'on obtient en revendant 80 francs ce qui a coûté 72 francs?

600. Je ne paye que 45 francs un objet estimé 50 fr. Quelle portion du prix d'estimation représente la remise qui m'est faite?

601. Combien y a-t-il de minutes dans 175 secondes?

602. Combien y a-t-il d'heures dans 483 minutes?

603. Combien y a-t-il d'heures dans 3471 secondes?

604. Combien y a-t-il de jours (de 24 heures) dans 60 847 secondes?

605. Un particulier qui ne s'est acquitté que des 0,3 d'une dette, doit encore 350 francs. A combien s'élève cette dette?

606. Avec 500 grammes de soie combien peut-on faire d'écheveaux de chacun 25 grammes?

607. 8 rames de papier ayant été payées 150 francs, à combien reviennent 1° la rame? 2° la main (de 20 par rame)? 3° la feuille (de 25 par main)?

608. La 15° partie de ce que possède Ernest, vaut la part d'André, et ils ont ensemble 100 francs. Combien chacun a-t-il?

609. Auguste a dépensé 2 fois et demie (2,5), autant que Georges, et il se trouve qu'ils ont dépensé à eux deux 4f,20. Combien Georges a-t-il dépensé?

610. Si l'on décuplait ce que je possède, j'aurais 316f,80 de plus. Combien ai-je maintenant?

611. Combien faudrait-il mettre, en contact et en ligne droite, de pièces de 1 franc dont le diamètre est de 0m,023 pour approcher le plus possible de la longueur du mètre?

612. Partager 100 francs en deux parts dont l'une égale 9 fois l'autre.

613. Combien faut-il de jours pour couper une pièce de toile de 15 mètres, en en coupant un mètre chaque jour?

614. La circonférence d'un cercle est égale à 7m,854; quel en est le diamètre. (La circonférence a été obtenue en multipliant le diamètre par le nombre 3,1416).

615. Combien faudrait-il de pièces de 20 francs dont le poids est de 6 grammes, 4516 pour faire un poids qui s'écarte le moins possible de 225 grammes?

616. Un litre de vin de Bourgogne pesant 0kg,992, quelle quantité de ce vin faut-il pour faire équilibre à 1 kilogramme?

617. Avec 0kg,135 de peinture, on a peint une surface de 1 mètre carré. Quelle surface peindrait-on avec 1 kilogramme de peinture?

618. Lorsque le mètre de gance revient à 0f,02, combien en aurait-on de mètres pour 1 franc?

619. Un pavé carré a 0ᵐ,236 de contour. Quel en est le côté?

620. Deux règles mises bout à bout, font une [longueur totale de 0ᵐ,403, et la longueur de la plus petite vaut les 0,55 de celle de la grande. Quelle est la longueur de cette dernière?

ADDITION ET DIVISION.

Calculer les expressions suivantes en cherchant généralement à moins d'un millième près *par défaut*, les quotients qui ne seront pas exacts.

621. $(457 + 285) : 39$.

622. $(74,8 + 1,37) : 45$.

623. $(3,846 + 0,95) : 86$.

624. $(8,62 + 1,34 + 7) : (2,6 + 4,01)$.

625. $(3,649 + 2,05) : (4 + 3,0005)$.

626. $(82,56 : 43) + (0,649 : 59)$.

627. $[(371 + 4,6) : 30)] + (29,006 : 0,01)$.

628. $(83 : 0,1) + (9,68 : 0,01) + (0,09 : 0,9)$.

629. $[(0,074 : 0,8) + (76 : 4,82) + (83 : 0,0,7)] : 500$.

630. $[(6,008 + 3,85 + 2,89) : 37,4] + (0,0804\ 6)$.

PROBLÈMES.

631. On a acheté une 1ʳᵉ fois 28 kilogrammes, et une seconde fois 19 kilogrammes de riz. Combien coûtait le kilogramme sachant qu'on a payé 30ᶠ,55 pour le tout?

632. J'ai acheté à un facteur, un piano de 860 francs et un orgue de 700 francs; je voudrais m'acquitter de cette dette au moyen de 30 payements égaux. De combien serait chaque payement?

633. J'ai eu 12 bouteilles de cognac pour 27 francs et 8 bouteilles de rhum pour 20 francs. Combien aurais-je dépensé si je n'avais acheté qu'une bouteille de chaque sorte?

654. On me présente de la soie qui vaut 87 francs les 12 mètres, et de l'autre qui vaut 59^f,50 les 7 mètres. J'en prends 1 mètre de chaque qualité, combien dois-je payer?

655. On m'a fourni d'abord 35 litres, puis 40 litres, puis 25 litres de vin; et l'on me présente une facture se montant à 75 francs. Combien me demande-t-on par litre de vin?

656. Eugène achète une grammaire et une géographie. Combien doit-il payer si les grammaires valent 9 francs la douzaine et les géographies 13^f,20 la douzaine?

657. Trois sacs de seigle : le 1er de 48^{kg},9; le 2e de 51^{kg},6 et le 3e de 56 kilogr., valent ensemble 28^f,15. Quel est le prix du kilogramme?

658. Charles a les 0,18 et Auguste les 0,4 de la part de Léon, et ils possèdent ensemble 63^f,20. Quelle est la part de Léon?

659. Les 0,7 de la part de Jules valent 3^f,15 et les 0,48 de celle de Georges valent 9^f,60. Combien possèdent-ils ensemble?

640. Paul a perdu les 0,3, puis les 0,15 de son avoir qui se trouve ainsi diminué de 72 francs. Combien possédait-il?

SOUSTRACTION ET DIVISION.

Expressions à calculer.

641. (87,5 — 36,2) : 45.

642. (7 — 6,04) : 3.

643. (83,86 : 7) — 2,87.

644. (32,4 : 9) — (0,87 : 25).

645. (637,5 : 0,1) — (4 : 0,31).

646. $[(80,09 - 34) : 5] - 4,19.$

647. $[(37,96 : 52) - 0,71] : 2,85.$

648. $[(8 - 0,74) : 5,1] - 0,07.$

649. $[(1 : 0,05) - (0,6 : 12)] : 0,001.$

650. $[(3 - 0,408) : 0,2] - [(8 - 1,05) : 0,4].$

PROBLÈMES.

651. Un négociant a revendu 804 francs 30 hect. de blé qui lui coûtaient 720 francs. Combien a-t-il gagné par hectolitre?

652. Une pièce de bois de 248 décimèt. cubes mise à l'humidité a pris un volume de 280 décim. cubes. De combien a-t-elle augmenté par décim. cube?

653. Une personne devait 7340 francs; elle donne un à-compte de 4000 francs, et veut s'acquitter du reste au moyen de 8 payements égaux. De combien sera chaque payement?

654. Un marchand m'avait livré 39m,50 de toile. Je lui en ai rendu 14 mètres dont il m'a remboursé le prix, de sorte que le reste me revient à 33f,15. Quel est le prix du mètre de cette toile?

655. On a eu 28 paniers de pommes pour 220f,20; 9 de ces paniers coûtent ensemble 115f,20. Quel est le prix de *chacun* des autres.

656. La différence entre les 0,3 et les 0,087 d'un nombre vaut 138,45; quel est ce nombre?

657. En revendant 17 objets 2f,80 la pièce, j'ai fait un bénéfice total de 11f,05. Combien avais-je payé chaque objet?

658. Un ouvrier a défriché 3 ares de terrain en 9 heures; un autre pourrait défricher 5 ares en 14 heures; on demande : 1° combien l'un défriche d'ares de plus que l'autre par heure; 2° combien de temps il emploie de moins que l'autre pour défricher un are de terrain?

659. Un litre d'alcool pesant $0^{kg},27$ de moins qu'un litre d'eau (1 kilogr.) quelle est la quantité d'alcool qui pèse 1 kilogr.?

660. On voulait partager 6389 francs entre 42 personnes. 27 d'entre elles ont déjà reçu ensemble 4032 fr Si l'on partage le reste également entre les autres personnes, quelle sera la part de chacune de ces dernières?

MULTIPLICATION ET DIVISION.

Expressions à calculer.

661. $(34,2 \times 5,3) : 0,8.$

662. $(7 \times 60,84) : 14.$

663. $(496,05 : 5) \times 69.$

664. $(8,007 : 30) \times (4 \times 0,1).$

665. $(39,76 \times 10) : (0,7 \times 59).$

666. $(2 : 36,05) \times (3,1 : 0,834).$

667. $(0,4 \times 1000 \times 6) : (9,51 : 30)$

668. $(7,06 \times 3,05) \times (47 : 0,8).$

669. $(5,1 \times 100) \times (3,76 : 100).$

670. $(84 : 0,01) : (38,1 \times 100).$

PROBLÈMES.

671. On a eu 7 corbeilles de chacune 45 oranges pour $37^f,80$. Combien a-t-on eu d'oranges et quel est le prix d'une orange?

672. Une somme de 7200 francs est composée de pièces de 50 francs pesant chacune $16^{gr},129$. Combien cette somme contient-elle de pièces et quel en est le poids total?

673. Le produit de deux nombres est 3845. On recommence la multiplication après avoir rendu l'un des nombres 8 fois plus grand et l'autre 5 fois plus petit. Quel sera le nouveau produit?

674. Le produit de deux nombres est 2436. Si on les divise : l'un par 6, l'autre par 5 et qu'on multiplie les nombres ainsi obtenus, quel sera le produit?

675. 14 caisses de fromages pesant chacune 15 kilog. sont vendues ensemble pour 238 francs. A combien revient le kilogramme de fromage?

676. Un coupon de velours de 2^m,4 vaut 38^f,40; que coûteraient 6^m,8 de ce velours?

677. Un ouvrier a reçu 112^f,20 pour 15 journées de 11 heures de travail. Combien gagne-t-il par heure?

678. Lorsque 19 caisses de chacune 45 vitres coûtent ensemble 900 francs, à combien revient la vitre?

679. 18 sacs de blé pesant chacun 75 kilogr. ont été payés ensemble 459 francs, à combien reviennent les 100 kilogr.?

680. Diviser en 90 parties égales les 0,28 + les 0,17 de 240.

ADDITION, SOUSTRACTION, MULTIPLICATION ET DIVISION.

Expressions à calculer.

681. $(48,2 + 19,05 + 3,4) : 8,5$.
682. $(94 - 3,65) \times 84 : 12$.
683. $(1 - 0,58) \times 300 : (6 - 0,7)$.
684. $(830 : 7,5) \times (4 - 1,006)$.
685. $(6,2 : 0,001) \times (9 - 0,1)$.
686. $(47 \times 0,01) : (8 + 0,06)$.
687. $(3,009 : 0,1) - (64 \times 0,25)$.
688. $(7,16 : 4) \times (0,01 - 0,001)$.
689. $(3 - 0,3 + 0,03) \times (3 - 0,03 - 0,3)$.
690. $(1 : 0,0001) \times 0,0125 : 0,5$.

PROBLÈMES.

691. Un terrain rectangulaire a 304 mètres de contour. Trouver la longueur, sachant que la largeur est 60^m,7.

692. Dans une division le reste est 24 et le diviseur 58. De combien augmentera le quotient et quel sera le nouveau reste si l'on ajoute 330 au dividende ?

693. La surface d'un triangle est de 493 mètres carrés et sa base a 29 mètres. Calculer sa hauteur. (La surface du triangle $=$ base $\times$ *demi* hauteur.)

694. On mélange 137 litres de vin à 0^f,63 le litre et 109 litres à 0^f,67. A combien revient le litre du mélange ?

695. On mélange 6^{hect},7 de blé à 21 francs l'hectolitre et 10^{hect},6 à 22^f,50. Combien devrait-on vendre l'hectolitre de mélange pour gagner 50 francs sur le tout ?

696. Un épicier mélange 92 kilogr. d'huile à 1^f,45 et 54 kilogr. à 1^f,60. Combien devra-t-il vendre le kilogramme du mélange pour avoir un bénéfice de 0^f,08 par demi-kilogramme ?

697. On avait promis 150 francs à un ouvrier pour faire un travail. Il en a fait d'abord les 0,37, puis les 0,18, et au cours de ce travail a reçu un à-compte de 20 francs. Combien lui doit-on encore pour la besogne qu'il a faite ?

698. Un fût de cognac de 380 litres revient à 650 fr. Mais les 0,02 du liquide se sont perdus dans le transport. A combien revient le litre du cognac restant ?

699. Quatre pommes coûtant autant que cinq poires, et quatre poires coûtant autant que six abricots, trouver le prix d'une poire et le prix d'une pomme, en admettant qu'un abricot coûte 0^f,08.

700. J'ai perdu les 0,4 de ce que j'avais, j'ai dépensé

ensuite les 0,2 du reste et j'ai encore 9 francs. Combien possédais-je d'abord?

JANVIER.

Révision des principes relatifs à la numération et aux quatre opérations fondamentales. — Problèmes sur les quatre opérations.

EXERCICES.

701. Combien faut-il de dixièmes pour faire une unité?

702. Combien y a-t-il de dixièmes dans une dizaine?

703. Combien une centaine contient-elle de centièmes?

704. Combien une dizaine de mille renferme-t-elle de centièmes?

705. Combien faut-il de dix-millièmes pour faire une dizaine?

706. Quel est le plus petit nombre possible qui, multipliant 8,47 le rende nombre entier?

707. Combien faut-il acheter, au moins, de mètres de toile à 1f,45 pour payer un nombre rond de francs?

708. Quel est le plus petit nombre possible qui, multipliant 7,038, en fasse un nombre entier?

709. Quel est le plus petit multiplicateur possible qui rende le nombre 1,43 égal à 143 dizaines?

710. Par quel nombre faut-il diviser 38,075 pour avoir 3,8075 ?

711. Qu'arrive-t-il lorsqu'on ajoute un zéro à la droite d'un nombre entier?

712. Qu'arrive-t-il lorsqu'on ajoute un zéro à la gauche d'un nombre entier?

713. Qu'arrive-t-il lorsqu'on retranche un zéro à la droite d'un nombre entier?

714. Qu'arrive-t-il lorsqu'on sépare deux chiffres décimaux sur la droite d'un nombre entier?

715. Qu'arrive-t-il lorsqu'on recule la virgule de trois rangs à gauche dans un nombre décimal?

716. J'ai multiplié par 10 000 un nombre qui contenait un chiffre décimal. Combien, après avoir supprimé la virgule, ai-je dû écrire de zéros à droite?

717. Qu'arrive-t-il lorsqu'on ajoute un zéro dans le corps d'un nombre entier?

718. Qu'arrive-t-il lorsqu'on supprime deux zéros dans le corps d'un nombre entier?

719. Qu'arrive-t-il lorsqu'on supprime un zéro dans le corps de la partie décimale d'un nombre?

720. Combien 4200 francs font-ils de billets de cent francs?

721. Qu'arrive-t-il lorsqu'on ajoute ou qu'on supprime un zéro à droite d'un nombre décimal?

722. Que trouve-t-on en ajoutant la différence de deux nombres à leur somme?

723. Que trouve-t-on en retranchant la différence de deux nombres de leur somme?

724. Que devient le total lorsqu'on double un des nombres de l'addition?

725. Que devient le reste quand on ajoute 27 au nombre à retrancher?

726. Que devient le total lorsqu'on retranche 35 d'un des nombres à additionner?

727. Que devient le total, 1° lorsqu'on double; 2° lorsqu'on quadruple tous les nombres à additionner?

728. Que devient le total d'une addition lorsqu'on recommence l'opération après avoir négligé **un des nombres?**

729. Que devient la différence de deux nombres, 1° lorsqu'on double le plus grand ; 2° lorsqu'on double le plus petit ?

730. Que devient la différence de deux nombres, 1° lorsqu'on les double tous deux ; 2° lorsqu'on prend la moitié de chacun ?

731. Que devient le produit lorsqu'on rend le multiplicande 5 fois plus grand ?

732. Que devient le produit lorsqu'on rend le multiplicateur 7 fois plus petit ?

733. Que devient le produit lorsqu'on rend le multiplicande 8 fois plus grand et le multiplicateur 8 fois plus petit ?

734. Que devient le produit lorsqu'on rend l'un des facteurs un certain nombre de fois plus petit et l'autre facteur le même nombre de fois plus grand ?

735. Que devient le produit quand on ajoute 4 au multiplicande ?

736. Que devient le produit lorsqu'on augmente de 7 le multiplicateur ?

737. Que devient le produit lorsqu'on retranche 12 à l'un des facteurs ?

738. Le produit change-t-il lorsqu'on augmente de 4 e multiplicande et qu'on diminue de 4 le multiplicateur ?

739. Pourrait-on, en ajoutant un certain nombre à l'un des facteurs, et en en retranchant un 2ᵉ de l'autre facteur, ne pas changer le produit ?

740. La division de deux nombres donne 47 pour reste. De combien faudrait-il diminuer le dividende pour qu'en recommençant l'opération on trouvât le même quotient, mais *zéro* au reste ?

741. Dans une division, le diviseur est 386 et le reste 105. Combien faudrait-il ajouter au dividende pour que le quotient augmentât d'une unité et que le reste fût *zéro* ?

742. Dans une division, le diviseur est 135 et le reste 81. Combien faudrait-il ajouter au dividende pour que le quotient augmentât d'une unité et que le reste fût 47 ?

743. Dans une division, le diviseur est 53 et le reste 26. Combien faudrait-il ajouter au dividende pour que le quotient augmentât de 3 unités et que le reste fût 18 ?

744. Dans une division, le diviseur est 89 et le reste 12. De combien faudrait-il diminuer le dividende pour que le quotient diminuât de 5 unités et que le reste fût 31 ?

745. Pourquoi, dans une division, lorsque tous les chiffres ont été abaissés, écrit-on un zéro à la droite du dernier reste pour continuer l'opération ?

746. Pourquoi, dans une soustraction, lorsqu'un chiffre supérieur est plus faible que son correspondant inférieur, ajoute-t-on 10 au chiffre supérieur ? — Pourrait-on ajouter 100 ? — 9 ? — 20 ?

747. Pourquoi écrit-on en colonne les nombres à additionner ?

748. Pourquoi commence-t-on l'addition par la droite ? Que pourrait-il arriver si l'on n'agissait pas ainsi ? Dans quel cas est-il indifférent de commencer par la droite ou par la gauche ?

749. Montrez qu'on peut intervertir, 1º l'ordre de deux facteurs ; 2º l'ordre de plusieurs facteurs sans changer le produit.

750. Pourquoi commence-t-on la multiplication par le chiffre de droite du multiplicateur ? — Par le chiffre de droite du multiplicande ?

751. Quel nombre faut-il ajouter à 482 pour qu'il soit doublé ?

752. De quel nombre faut-il augmenter 71 pour qu'il soit quadruplé ?

753. De quel nombre faut-il augmenter 87 pour qu'il soit centuplé ?

754. Pourquoi commence-t-on la division par la gauche ? Pourrait-on commencer par la droite du dividende ?

755. De combien faudrait-il diminuer le nombre 68 pour qu'il fût réduit à ses 0,65 ?

PROBLÈMES SUR LES QUATRE PREMIÈRES OPÉRATIONS.

756. Deux personnes ont acheté ensemble une pièce d'étoffe de 37 mètres à raison de 6^f,80 le mètre. L'une des deux en a pris 18^m,50 ; à combien revient la part de l'autre ?

757. Je voudrais échanger 14^m,50 de drap à 12^f,50 contre du velours à 9 francs le mètre. Combien recevrais-je de mètres de velours ?

758. Deux journaliers ont travaillé ensemble 35 jours et ont reçu en payement une somme totale de 166^f,25. L'un des deux gagnait 2^f,25 par journée ; combien gagnait l'autre ?

759. Six personnes doivent payer en commun une somme de 27 francs. Plusieurs d'entre elles étant insolvables, les autres payent chacune 2^f,25 de plus. Combien de personnes sont insolvables ?

760. Un ouvrier chargé d'un travail en fait d'abord les 0,4, puis la moitié du reste, termine enfin l'ouvrage, et reçoit 9 francs pour cette dernière partie. Quelle somme lui a rapportée l'ouvrage entier ?

761. Combien gagne par litre un marchand qui revend 1 franc la bouteille de 0^{lit},80 du vin qui lui coûte 170 francs la pièce de 228 litres ?

762. Une succession étant partagée entre trois héritiers, le premier en a les 0,25 ; le deuxième les 0,3 et le troisième a le reste. Quelle est la part de ce dernier ?

763. Trois personnes se partagent une pièce de mousseline. La première en prend les 0,30 ; la deuxième les

0,45 et la troisième a le reste, qui vaut 12^m,50. Quelle est la longueur de la pièce de mousseline?

764. On a réparti une somme entre trois personnes; la première a eu les 0,38; la deuxième les 0,32 et la troisième le reste, qui valait 600 francs. Quelle était la somme partagée et combien ont reçu les deux premières personnes?

765. Trois personnes achètent en commun un coupon de taffetas estimé 8^f,50 le mètre; la première en prend les 0,4; la deuxième les 0,25, et la troisième le reste, qui a une longueur de 2^m,45. On demande : 1° la longueur totale du coupon; 2° la part de chacune des deux premières personnes; 3° ce que devra payer chaque personne.

766. Trois ouvriers ont été employés à un ouvrage. Le premier en a exécuté les 0,15; le deuxième en a fait le double de ce qu'a fait le premier, et le troisième, qui a fait le reste, a reçu 49^f,50. Combien a dû recevoir chacun des deux premiers?

767. Les deux côtés d'une route sont plantés d'une rangée d'arbres distants les uns des autres de 4^m,50. Calculer combien il y a d'arbres en tout, sachant que la distance du premier au dernier est sur chaque côté de 760^m,50.

768. Paul et André ont ensemble 47^f,95 et la part de Paul vaut 6 fois celle d'André. Combien chacun possède-t-il?

769. Il s'en faut de 19^f,50 que Charles et Eugène aient 100 fr. à eux deux. On sait que la part d'Eugène est 9 fois moindre que celle de Charles. Combien chacun a-t-il?

770. Si Georges donnait 7^f,50 à Henri, celui-ci posséderait 2 fois autant que ce qui resterait au premier. Trouver la part actuelle de chacun?

771. On m'a pris les 0,05 de ce que j'avais, j'ai dépensé les 0,4 du reste et j'ai encore 17^f,10. Combien possédais-je d'abord?

772. Une personne part avec une vitesse de 80 mètres par minute à la poursuite d'une personne qui a 200 mètres d'avance sur elle et qui fait 70 mètres par minute. On demande : 1° combien la première personne fait de mètres de plus que l'autre par minute ; 2° combien elle emploiera de temps à regagner les 200 mètres de retard.

773. Deux personnes partent du même point, à une heure de distance, et suivent la même route. La première fait 4 kilom. par heure et la deuxième 4^{km},5. Au bout de combien de temps la seconde rejoindra-t-elle la première, et à quelle distance du point de départ?

774. La distance de la Terre au Soleil est de 24 096 fois la longueur du rayon terrestre, qui mesure environ 6366 kilom. Calculer la vitesse de la lumière par seconde, sachant qu'elle nous arrive du Soleil en 8 minutes 18 secondes.

775. On mélange 128 kilog. d'huile à 6^f,20 les 4 kilog., et 107 kilog. à 5^f,60 les 3 kilog. et demi. On revendra le tout à raison de 1^f,75 le kilogramme. Quel sera le bénéfice par kilogramme?

776. On a deux cordes dont les longueurs sont 97 mètres et 62 mètres. Quelle longueur faut-il retrancher de la deuxième pour l'ajouter à la première, si l'on veut que celle-ci devienne le double de l'autre?

777. Deux sacs de blé contiennent : l'un 1^{hl},2 et l'autre 0^{hl},96. Quelle quantité de grain devrait-on retrancher du premier pour l'ajouter au second, si l'on voulait rendre les deux contenances égales?

778. On achète une égale quantité de riz et de lentilles pour 31^f,45. Le riz valant 0^f,40 et les lentilles 0^f,45 le litre, trouver combien on a de litres de chaque denrée.

779. Pour 145^f,50 on a eu 15 mètres de soie de deux qualités différentes; savoir : 8 mètres à 10^f,75 et le reste d'une qualité inférieure. Quel est le prix d'un mètre de cette dernière?

780. Une propriété de 585 mètres carrés a été vendue en trois lots pour une somme totale de 9500^f,50. Le premier lot, de 145 mètres carrés, a été vendu 12^f,50 le mètre carré ; le deuxième, de 160 mètres carrés, valait 14^f,80 le mètre carré. On demande le prix du mètre carré du terrain formant le dernier lot.

781. Deux ouvriers ont reçu ensemble 104^f,50 pour un travail. L'un d'eux, qui gagne 4^f,25 par jour, y a été occupé 14 jours. Combien de jours y a été employé l'autre qui gagne 3^f,75 par jour?

782. Trois sacs de châtaignes valent ensemble 20^f,45. Le premier de 47 kilog. coûte 0^f,15 le kilog.; le deuxième de 50 kilog. a été payé à raison de 0^f,16 le kilog.; quel est le poids du troisième qui vaut 0^f,12 le kilog.?

783. Il me restera 1 franc quand j'aurai payé 14 bouteilles de cognac que j'ai achetées ; mais il m'aurait manqué 2^f,50 si j'avais voulu en prendre 15 bouteilles. Quel est le prix de la bouteille?

784. Avec ce que je possède je puis payer mes dépenses pendant 18 jours et il me restera au bout de ce temps 3^f,50. Mais il me manquerait 47^f,50 pour achever le mois (30 jours). Quelle est ma dépense moyenne par jour?

785. On brûle en 50 jours 516 kilog. de coke que l'on paye à raison de 1^f,75 l'hectolitre. Quelle est la dépense par jour, si l'on compte 43 kilog. de coke par hectolitre?

786. Pour confectionner une chemise on emploie 2^m,80 de toile à 1^f,35 le mètre, et l'on paye 1^f,45 de façon. Combien devra-t-on revendre la douzaine de chemises pour gagner 1^f,15 sur chaque chemise?

787. Un ouvrier dépense chaque jour environ 0^f,12

d'eau-de-vie et 1^f,25 de tabac par semaine. Combien avec sa dépense d'un an pourrait-il acheter de litres de vin à 0^{f}65 le litre?

788. Les grandes roues d'une voiture ont 2^m,58 de circonférence et les petites n'ont que 1^m,72. Combien, sur une route, les petites roues font-elles de tours pendant que les grandes en font 510?

789. Je me suis acquitté d'une dette en donnant 39 pièces de 5 francs. Combien, pour verser la même somme, aurais-je dû joindre de pièces de 0^f,50 à 60 pièces de 2 francs?

790. J'ai payé en 3 fois une propriété achetée 27 000 francs; j'ai donné la première fois 14 000 fr.; une deuxième fois les 0,8 du premier à-compte, et la troisième fois le reste de la somme. Combien ai-je versé les deux dernières fois?

791. Une personne a acheté 165 kilog. de marchandises à 2^f,80 le kilog. et paye seulement les 0,25 comptant. Combien devra-t-elle vendre de kilog. de café à 5^f,25 pour s'acquitter du reste?

792. Un ouvrier a reçu 80^f,75 pour un certain nombre de journées de travail; il aurait reçu 104^f,50 s'il avait travaillé 5 jours de plus. Combien cet ouvrier gagne-t-il par journée?

793. Une ménagère achète 8 kilog, de groseilles à 0^f,45 le kilog., pour en faire de la gelée. Les groseilles fournissent en jus les 0,7 de leur poids. Le jus est cuit avec un égal poids de sucre coûtant 0^f,85 le demi-kilog. Elle obtient ainsi 9 kilog. de gelée. Combien coûterait le pot de 0^{kg},250, les pots vides valant 0^f,35 la pièce? (*Certificat d'Études, Ardennes.*)

794. Une coquetière avait acheté, à raison de 0^f,70 la douzaine, trois paniers d'œufs contenant chacun 26 douzaines; elle a cassé 27 œufs dans le transport. Sachant qu'elle a revendu 0^f,06 la pièce ceux qui lui restaient, combien a-t-elle gagné ou perdu? (*Certificat d'Études, Ardennes.*)

795. On achète du vin à 1ᶠ,50 la bouteille, et quand elle est vide, on la reporte et l'on reçoit 0ᶠ,20. Le prix des bouteilles achetées ne monte plus alors qu'à 91 francs. Combien a-t-on acheté de bouteilles? (*Certificat d'Études, Paris.*)

796. On achète une pièce de vin de 228 litres pour 157 francs; on en revend la moitié à raison de 0ᶠ,80 le litre; on ajoute 20 litres d'eau au reste et on vend le mélange 0ᶠ,75 le litre. Trouver le bénéfice total.

797. Pour faire une blouse, on emploie 2ᵐ,70 de toile à 1ᶠ,40 le mètre, 0ᶠ,15 de boutons, 0ᶠ,10 de fil, et l'on paye 1ᶠ,15 de façon. Combien faut-il vendre la douzaine de blouses pour gagner les 0,15 du prix de revient?

798. Du drap a été acheté par un négociant à raison de 12ᶠ,40 le mètre; il le revend avec un bénéfice égal aux 0,25 du prix d'acquisition. Combien devrait-il en vendre de mètres pour solder le prix de 2 barriques de vin de 68 francs chacune avec son gain seulement?

799. Une paysanne va au marché avec 15 douzaines d'œufs qu'elle se propose de vendre 0ᶠ,08 la pièce. Elle casse 15 œufs en route. Combien doit-elle vendre chaque œuf pour retirer la même somme de sa vente?

800. Un marchand reçoit une caisse de 35 douzaines d'assiettes qu'il se propose de revendre 0ᶠ,30 la pièce; mais 25 assiettes ont été cassées dans le transport. De combien devrait-il augmenter le prix de chaque assiette pour compenser la perte éprouvée?

801. J'ai payé 185 francs pour 15 douzaines de serviettes que je revendrai 1ᶠ,20 la pièce. Quel sera mon bénéfice total?

802. Quels sont les deux nombres dont la somme est 68 et la différence 11?

803. Deux fontaines ont rempli ensemble en 14 heures

un bassin de 11 900 litres de capacité. L'une des deux fontaines ayant fourni 2380 litres de plus que l'autre, on demande ce que chacune a donné de litres en une heure.

804. J'achète 37 mètres de soie à 7^f,50 le mètre ; je paye les 0,24 du prix d'achat avec du drap à 18 francs et le reste en argent. 1° Combien ai-je donné de mètres de drap? 2° quelle somme ai-je payée en argent?

805. Deux personnes se partagent une somme de 405 francs. La part de l'une étant la moitié de celle de l'autre, calculer ces deux parts.

806. Trois associés se partagent un bénéfice de 7200 francs. Le 2e a 500 francs de plus que le 1er, et le 3e a 200 francs de plus que le second. Trouver la part de chacun.

807. Répartir 17 000 francs entre trois personnes de manière que la 2e ait les 0,75 de la part de la 1re, et que la 3e reçoive la moitié de la part de la seconde.

808. Partager 98 en quatre parties dont chacune surpasse la précédente de 5 unités.

809. Les 0,3 d'une perche sont peints en rouge, les 0,5 en jaune et le reste, qui a 1^m,80 est peint en bleu. Trouver la longueur des deux premières parties et celle de la perche entière.

810. J'ai payé une 1re fois 136 francs pour 3 hectol. de blé et 5 hectol. d'avoine ; une 2e fois je n'ai payé que 122 francs pour 3 hectol. de blé et 4 hectol. d'avoine. Calculer le prix de l'hectolitre d'avoine et celui de l'hectolitre de blé?

811. 6 kilogr. de chocolat et 5 kilogr. de café valent ensemble 65 francs ; mais 6 kilogr. de chocolat et 8 kilogr. de café coûtent 86 francs. Quel est le prix du kilogramme de chaque denrée?

812. Paul et Gaston se sont partagé des marrons 3 fois la part de Paul, plus 5 fois celle de Gaston vaudraient 121 marrons; mais la part de Gaston jointe à 3 fois celle de Paul donnerait un total de 65 marrons. Quelle est la part de chacun?

813. On a payé 48^f,80 pour 8 kilogr. de sucre et 3 kilogr. de thé. Si l'on avait pris 5 kilogr. de sucre et 7 kilogr. de thé on aurait dû une somme de 92 francs. Quel est le prix d'un kilogramme de sucre et celui d'un kilogramme de thé?

814. On achète de la soie de deux qualités. 9 mètres de la 2e, plus 5 mètres de la 1re valent 94 francs, et pour la même somme on pourrait avoir 15 mètres de la 2e et 8 mètres de la 1re. Quel est le prix d'un mètre de soie de chaque qualité?

815. Un marchand a revendu au détail 3 pièces de vin de 225 litres pour une somme totale de 540 francs et a gagné à ce marché 17 centimes par litre. Quelle somme avait-il déboursée pour l'achat de ce vin, et combien l'a-t-il revendu le litre?

816. Un père a 40 ans et son fils 12 ans. Dans combien d'années l'âge du père ne sera-t-il plus que le double de celui du fils?

817. Un fils a 31 ans et son père 56 ans. Combien y a-t-il d'années que l'âge du père était double de celui du fils?

818. J'ai 19 francs et mon frère en a 42. De quelle somme égale faudrait-il augmenter chacune de nos parts pour que la mienne fût juste la moitié de celle de mon frère?

819. Auguste a 9 ans et son père en a 37. Dans combien d'années l'âge du père sera-t-il le triple de celui d'Auguste?

820. En revendant 58 francs 9^m,60 d'étoffe qui avaient été payés 46 francs : 1° combien gagne-t-on par mètre; 2° quelle portion du prix d'achat représente ce bénéfice?

821. Quand on gagne les 0,15 du prix d'achat, combien gagne-t-on sur le prix de vente?

822. Quand on gagne les 0,20 du prix de vente, combien gagne-t-on sur le prix d'achat?

823. Quel nombre faut-il retrancher de 205 pour que le reste contienne 37 de plus que le nombre retranché?

824. Quel nombre faut-il retrancher de 301 pour que le reste soit égal à 6 fois le nombre retranché.

825. Un régiment est parti à 5 heures du matin et fait $4^{km},2$ par heure. A quelle heure sera-t-il rejoint par un retardataire qui part à 8 heures et qui fait $6^{km},1$ par heure?

826. Une somme de 204 francs a été partagée entre 3 personnes : la 2e a eu autant que la 1re et $17^f,5$ en plus; la 3e a eu autant que les deux autres ensemble moins 83 francs. On demande la part de chaque personne.

827. Je voudrais payer 34 francs avec 11 pièces; les unes de 2 francs, les autres de 5 francs. Combien de pièces de chaque sorte dois-je employer?

828. Un conducteur d'omnibus a reçu dans une journée une somme de $69^f,45$ pour 313 places tant d'*intérieur* que d'*extérieur*. Combien lui a-t-on payé de places de chaque sorte, sachant que les voyageurs donnent $0^f,30$ à l'intérieur et $0^f,15$ à l'extérieur.

829. Pour $187^f,20$ on a eu 31 kilogr. de café de deux qualités, l'une valant $2^f,80$ et l'autre $3^f,20$ le *demi-kilogramme*. Combien a-t-on acheté de kilogrammes de chaque qualité?

830. Un marchand achète pour $253^f,30$ six pièces entières et un coupon de 28 mètres de calicot. Le mètre lui coûtant $0^f,85$ on demande la longueur de chaque pièce.

831. Trois enfants se partagent des billes; Léon et Georges en ont 53 à eux deux; Georges et Charles en ont 57 à eux deux; mais les deux parts réunis de Léon et de Charles donneraient un total de 60 billes. Combien de billes possède chaque enfant?

832. On a des pommes de trois qualités; une de la 1re et une de la seconde valent ensemble 0f,20 ; une de de la 2e et une de la 3e coûteraient 0f,21 ; et l'on payerait 1f,90 pour avoir 10 pommes de la 1re et 10 pommes de la 3e qualité. Quel est le prix d'une pomme de chaque sorte?

833. Deux personnes se partagent une somme : la 1re prend 100 francs plus le tiers du reste; la 2e prend le reste, et il se trouve que chacune a reçu autant. Quelle est la part de chaque personne et quelle est la somme partagée?

834. Un ouvrier chargé d'un travail y est occupé 15 jours ; mais les trois derniers jours on est obligé de lui adjoindre un compagnon. L'ouvrage terminé on leur donne 96 francs à se partager. Trouver combien ils gagnent chacun par journée, sachant que si le 1er eût fait seul l'ouvrage entier, il aurait reçu 0f,90 de plus par jour en moyenne.

FÉVRIER.

Caractères de divisibilité par 2 — 3 — 5 — 6 et 9. — Applications. — Simplification des calculs ; preuve par 9 de la multiplication et de la division. — Exercices. Problèmes sur les 4 opérations.

DIVISIBILITÉ DES NOMBRES :

835. Indiquer dans les nombres suivants ceux qui sont divisibles par 2, c'est-à-dire ceux qui sont pairs :

42 — 27 — 31 — 8 — 19 — 23 — 57 — 62 — 16 — 738 — 154 — 479 — 583 — 3280.

836. Indiquer ceux des nombres suivants qui sont impairs :

$$37 - 24 - 235 - 382 - 58 - 101 - 40 - 87 - 81 -$$
$$732 - 7284 - 2003.$$

837. Simplifier les expressions suivantes en divisant par 2 autant de fois que cela sera possible :

$$\frac{8 \times 7 \times 4}{6 \times 2 \times 5}; \quad \frac{12 \times 8 \times 6}{9 \times 5 \times 4}; \quad \frac{82 \times 14 \times 6}{40 \times 32 \times 24}.$$

838. Indiquer ceux des nombres suivants qui sont divisibles par 5 :

$$35 - 205 - 40 - 53 - 625 - 75 - 3740 - 823 - 2372$$
$$- 835.$$

839. Changer le chiffre des unités des nombres suivants de manière à les rendres divisibles par 5 :

$$243 - 327 - 69 - 46 - 927 - 402 - 501 - 683 - 9257.$$

840. Simplifier les expressions suivantes :

$$\frac{15 \times 30}{35 \times 10}; \quad \frac{40 \times 15 \times 10}{35 \times 20 \times 30}; \quad \frac{350 \times 225}{125 \times 150}.$$

841. Indiquer ceux des nombres suivants qui sont divisibles par 3 :

$$453 - 246 - 517 - 3571 - 6072 - 9414 - 6759.$$

842. Augmenter le chiffre des unités des nombres suivants de manière à les rendre divisibles par 3 :

$$476 - 2563 - 683 - 2354 - 7850 - 6503.$$

843. Diminuer le chiffre des unités des nombres suivants de manière à les rendre divisibles par 3 :

$$746 — 475 — 3583 — 7696 — 4379 — 82779.$$

844. Augmenter le chiffre des dizaines des nombres suivants pour qu'ils deviennent divisibles par 3 :

$$374 — 674 — 256 — 5750 — 3041 — 8480.$$

845. Simplifier les expressions suivantes :

$$\frac{63 \times 108}{45 \times 81}. \quad \frac{51 \times 72}{153} ; \quad \frac{36 \times 21 \times 135}{54 \times 45 \times 21}.$$

846. Écrire un nombre composé de 3 chiffres différents dont la somme soit 15.

·847. Écrire un nombre composé de 3 chiffres différents dont la somme soit 21.

848. Écrire un nombre de 4 chiffres, divisible par 3, et dont le chiffre des unités soit 8.

849. Écrire un nombre de 5 chiffres, divisible par 3 dont le chiffre des dizaines soit 7 et celui des centaines 5.

850. Écrire un nombre de 4 chiffres divisible par 3, dont le chiffre des unités soit 4, et celui des mille 9.

851. Écrire un nombre de 5 chiffres, dont le chiffre des unités soit 7, celui des centaines 5 et la somme des chiffres 24.

852. Écrire un nombre de 5 chiffres dont le chiffre des unités soit 3, celui des mille 8 et la somme des chiffres 30.

853. Indiquer ceux des nombres suivants qui sont divisibles par 9 :

$$477 — 522 — 689 — 5391 — 7647 — 8847 — 6759 — 5384$$
$$— 7867 — 6757.$$

854. Augmenter le chiffre des unités des nombres suivants pour qu'ils deviennent divisibles par 9 :

$$375 - 656 - 7395 - 2643 - 6071 - 9654.$$

855. Diminuer le chiffre des dizaines des nombres suivants pour qu'ils deviennent divisibles par 9 :

$$784 - 9479 - 3791 - 5863 - 6878 - 8589.$$

856. Augmenter le chiffre des centaines des nombres suivants pour qu'ils deviennent divisibles par 9 :

$$285 - 4371 - 6244 - 2067 - 6041 - 395.$$

857. Rendre les nombres suivants divisibles par 9 et par 2, en augmentant ou en diminuant le chiffre des unités :

$$7971 - 1965 - 6679 - 4956 - 3583 - 2899.$$

858. Simplifier les expressions suivantes :

$$1° \quad \frac{243 \times 567}{162 \times 405}; \qquad 2° \quad \frac{2916 \times 3645}{162 \times 243}.$$

859. Simplifier les expressions suivantes :

$$1° \quad \frac{243 \times 63 \times 162}{405 \times 486}; \qquad 2° \quad \frac{729 \times 324 \times 1458}{567 \times 2187}.$$

860. Indiquer ceux des nombres suivants qui sont divisibles par 6 :

$$732 - 864 - 347 - 6285 - 558 - 3876.$$

861. Rendre les nombres suivants divisibles par 6 en changeant le chiffre des unités :

$$475 - 226 - 4359 - 3857 - 7793.$$

862. Rendre les nombres suivants divisibles par 6 en augmentant le chiffre des dizaines :

$$724 - 5236 - 4508 - 2950 - 3932 - 3818.$$

863. Écrire un nombre de trois chiffres divisible par 6 et dont la somme des chiffres soit 18.

864. Écrire un nombre divisible par 6 avec les quatre chiffres : $5 - 4 - 3 - 7$.

865. Écrire un nombre divisible par 6 avec les chiffres $3 - 0 - 9 - 5$.

866. Simplifier les expressions suivantes :

$$\frac{36 \times 48}{24 \times 12} ; \quad \frac{54 \times 27}{21 \times 18} ; \quad \frac{72 \times 48 \times 144}{18 \times 32 \times 54}.$$

867. Simplifier les expressions suivantes :

$$1^{\circ} \qquad \frac{210 \times 60 \times 378 \times 40}{126 \times 720 \times 405} ;$$

$$2^{\circ} \qquad \frac{175 \times 18 \times 180 \times 595}{180 \times 1890 \times 147}.$$

868. La somme des chiffres d'un nombre entier est 29 ; quel reste trouverait-on si l'on divisait ce nombre par 3 ?

869. La somme des chiffres d'un nombre pair est 31. Quel serait le reste de la division de ce nombre par 6 ?

870. La somme des chiffres d'un nombre est 48. Quel serait le reste de la division de ce nombre par 9 ?

871. Le chiffre des unités d'un nombre est 7. Quel serait le reste de la division de ce nombre par 5 ?

872. Le chiffre des unités d'un nombre est 3. Quel reste obtiendrait-on en divisant ce nombre par 5 ?

873. Quels sont les nombres qui peuvent diviser exactement 24 ?

874. Quels sont les diviseurs de 32 ?

875. Indiquer les diviseurs de 45.

876. Trouver trois nombres entiers dont le produit égale 30.

877. Trouver trois nombres dont le produit égale 60.

878. Trouver quatre nombres dont le produit égale 210.

879. Quelle est la 3e puissance de 2 ?

880. Quelle est la 5e puissance de 3 ?

881. A quelle puissance de 2 est égal le nombre 32 ?

882. A quelle puissance de 5 est égal le nombre 625 ?

883. A quelle puissance de 7 est égal le nombre 16807 ?

884. Que vaut le produit de la 3e puissance de 2 par la 2e puissance de 3 ?

885. Calculer $(6^5 \times 5^5)$.

886. Calculer le produit $(5^4 \times 2^3)$.

887. Calculer $(3^4 \times 2^2 \times 5^3)$.

888. Calculer $(7^2 \times 7^3)$.

889. Calculer $(5^2 \times 5^3 \times 2^4 \times 2^3)$.

890. Calculer $(9^5 \times 7^4) : 9^3$.

891. Calculer $(\overline{14^2 \times 18^3}) : 18^2$.

892. Supprimer la même puissance du même facteur dans l'expression suivante :

$$\frac{8^5 \times 7^4 \times 9^5}{7^2 \times 8^3 \times 9^3}$$

893. Quel est le nombre qui peut diviser exactement 34 et 18 ?

894. Quel est le nombre qui peut diviser exactement 57 et 38 ?

895. Quels sont les nombres qui peuvent diviser exactement 27 et 18 ?

896. Diviser 30 par un nombre qui puisse aussi diviser exactement 42 et 66.

897. Augmenter le chiffre des dizaines du nombre 4734 pour qu'en divisant par 6 le nombre ainsi obtenu, on trouve 2 au reste.

898. Augmenter le chiffre des centaines du nombre 4734, de manière qu'en divisant par 6 le nombre ainsi obtenu, on trouve 4 au reste.

899. Diminuer le chiffre des dizaines du nombre 2538 de façon que le nombre ainsi obtenu soit aussi divisible par 6.

900. Augmenter le chiffre des dizaines du nombre 3825 pour que la division par 9 du nombre ainsi obtenu donne 2 pour reste.

901. Augmenter le chiffre des dizaines du nombre 8847 pour que la division par 9 du nombre ainsi obtenu donne 5 au reste.

902. En faisant une addition, un élève a compté une centaine de trop et une dizaine de moins et la preuve par 9 lui fait croire que l'opération est exacte. De combien s'est-il trompé néanmoins ?

903. Dans une soustraction un élève a trouvé 2 unités de mille en moins, et 2 dizaines en trop au reste ; et cependant, ayant fait la preuve par 9, il croit l'opération exacte. Quelle est l'erreur commise ?

904. Donner un multiple de 9 qui soit aussi un multiple de 6.

905. Indiquer les nombres compris de 1 à 100 qui ne peuvent être divisés exactement par aucun des nombres 2 — 3 — 5 — 6 — 7 — 9.

PROBLÈMES SUR LES QUATRE OPÉRATIONS.

906. Alfred aura 31 ans dans 7 ans. En quelle année est-il né ?

907. Auguste a eu 29 ans il y a 3 ans. En quelle année est-il né ?

908. J'aurai 47 ans dans 8 ans et demi. En quelle année aurai-je 53 ans ?

909. Un marchand a vendu 37 poires et il lui en reste 14 de plus qu'il n'en a vendu. Combien en avait-il ?

910. Le total d'une addition est 3785. Si l'on recommence l'opération après avoir supprimé le second nombre, qui est 249, et triplé le 4° qui est 58, quel sera le nouveau total ?

911. Paul et André ont ensemble 43 francs, et Paul a 9ʳ30 de plus que André. Quelle est la part de chacun ?

912. On a vendu un mobilier en trois lots pour une somme totale de 1437 francs. Le 1ᵉʳ lot valait 548 francs et le 2° 32 francs de plus. Quelle était la valeur du 3° lot ?

913. J'achète 6 crayons à 1ʳ,20 la douzaine, et je donne une pièce de 1 franc. Combien doit me rendre le marchand ?

914. Pour payer 7 mètres de flanelle, j'ai donné 15 fr. sur lesquels on m'a rendu 2ʳ,75. Quel était le prix du mètre de flanelle ?

915. Avec les 0,24 d'un coupon de percale de 15 mètres combien pourra-t-on faire de tabliers nécessitant chacun 0ᵐ,60 d'étoffe ?

916. Diviser en 9 parts égales l'excès du quintuple de 38 sur le centuple de 0,095.

917. J'ai pensé un nombre, je l'ai doublé, j'ai retranché 4 du produit, j'ai triplé le reste et je trouve 90. Quel nombre avais-je pensé ?

918. Deux ouvriers ont à faire ensemble 108 mètres d'ouvrage. L'un en fera 5 mètres et l'autre 7 mètres par jour. Au bout de combien de jours l'ouvrage sera-t-il terminé ?

919. On voudrait composer une somme de 105 francs

avec un nombre égal de pièces de 2 francs et de pièces do 5 francs? Combien devra-t-on prendre de pièces de chaque sorte?

920. On a payé 156 francs pour une égale quantité de soie à 7^f,50, à 6^f,75 et à 5^f,25 le mètre. Combien a-t-on eu de mètres de chaque qualité?

921. Deux piétons partent ensemble des deux extrémités d'une route longue de 1650 mètres et marchent à la rencontre l'un de l'autre. L'un parcourant 60 mètres et l'autre 50 mètres par minute, au bout de combien de temps aura lieu la rencontre?

922. Deux piétons partent en même temps des deux extrémités d'une route longue de 3990 mètres et vont à chacun à l'extrémité opposée. L'un fait 45 mètres et l'autre 50 mètres par minute. Combien de temps après la rencontre le second arrivera-t-il au point de départ de l'autre?

923. On revend à raison de 0^f,15 la douzaine des plumes qui coûtent 0^f,75 le cent. Combien gagne-t-on sur le prix de vente d'une douzaine?

924. On vend à raison de 0^f,10 la pièce des cahiers qui coûtent 7^f,50 le cent. Combien gagne-t-on quand on en vend 7 douzaines?

925. Un papetier revend 0^f,05 la pièce des règles qui lui reviennent à 0^f,35 la douzaine. Combien faut-il qu'il vende de ces règles pour gagner 1 franc?

926. Une marchande revend 0^f,10 la pièce des œufs qui lui coûtent 0^f,90 la douzaine. Combien doit-elle en vendre de *cents* pour gagner 15 francs?

927. Diviser 490 francs en deux parts dont l'une soit égale à 4 fois l'autre.

928. Diviser 135 mètres en deux parts dont l'une soit égale à 6 fois et demie (6,5) l'autre.

929. Diviser 192 francs en deux parts dont l'une soit 8 fois et demie le double de l'autre.

930. Diviser 85 francs en deux parts dont l'une soit 15 fois la moitié de l'autre.

931. Une marchande revend, avec un bénéfice égal aux 0,15 du prix {d'achat, des salades qui lui coûtent 3 francs le cent. Combien les vend-elles la douzaine?

932. Un bassin reçoit par heure 95 litres, 5 d'eau et perd par un orifice 16 litres, 4 dans le même temps; combien conservera-t-il de litres en 4 heures et demie?

933. Un marchand revend 16 francs le mètre du drap qui lui a coûté 12^f,50 et gagne ainsi 91 francs. Combien vend-il de mètres?

934. Une mercière a revendu à raison de 3^f,50 le mètre du ruban qui lui coûtait 2^f,85 et a gagné ainsi 11^f,70. On demande: 1° combien elle a vendu de mètres de ruban; 2° combien ils lui avaient coûté.

935. En revendant à raison de 1^f,80 le kilog. un fût d'huile lui coûtant 1^f,55 le kilog, un épicier a réalisé un bénéfice de 26 francs. A combien lui revenait ce fût d'huile.

936. Une pièce de vin pèse 249 kilog. Le fût vide pèse 25^{kg}.8. On demande ce qu'on retirerait de la vente de cette pièce à raison de 0^f,70 le litre, un litre de ce vin pesant 0^{kg},992.

937. Un marchand a acheté 148 quintaux de blé à 32^f,50 le quintal, et revendra ce blé 35 francs le quintal lorsqu'il aura diminué des 0,04 de son poids. Quel bénéfice réalisera-t-il?

938. Il y a 29 de différence entre le double et le triple d'un nombre. Quel est ce nombre?

939. Il y a 85,2 de différence entre le double et le quintuple d'un nombre. Quel est ce nombre?

940. Il y a 25^f,5 de différence entre le double et la moitié de ce que je possède; combien ai-je?

941. J'ai perdu 15 francs, et ce qui me reste vaut la moitié de ce que j'aurais si je les avais gagnés au lieu de les perdre. Combien avais-je d'abord?

942. Une personne achète un coupon de toile de 15 mètres à 1^f,30 le mètre, et en revend les 0,3 à raison de 1^f,50 le mètre. Combien gagne-t-elle sur cette vente?

943. Un particulier achète une pièce de vin de 228 litres pour 158 francs et en revend la moitié à raison de 0^f,75 le litre. A combien lui revient le litre du vin qui lui reste?

944. Un épicier a vendu dans une journée 45 kilog. de café pour 157^f,50; le kilog. lui revenant à 2^f,80, calculer son bénéfice : 1º sur le tout; 2º par kilog.

945. Cinq pièces de toile de même longueur ont été vendues à raison de 2^f,05 le mètre. Quelle était la longueur de chacune, sachant que le mètre coûtait 1^f,90 et que le bénéfice : total a été de 45 francs?

946. Combien payera-t-on pour le transport de 240 hectolitres de charbon à 43 kilomètres, le prix de transport étant de 0^f,012 par 100 kilog. et par kilomètre? (Un hectolitre de charbon pèse 85 kilog.)

947. Une personne en revendant une terre 2809 francs a fait un bénéfice égal aux 0,06 du prix d'achat. On demande : 1º combien lui avait coûté le terrain; 2º combien elle a gagné.

948. J'ai revendu une propriété avec un bénéfice de 178 francs égal aux 0,05 du prix d'achat. Calculer : 1º combien j'avais payé la propriété; 2º combien je l'ai revendue.

949. Un marchand avait 147 kilog. de sucre, qui lui revenaient à 215 francs. Il en a revendu d'abord 69 kilog. à 1^f,55 le kilog. puis le reste à 1^f,50. Quel est son bénéfice total?

950. Un commerçant avait 50 caisses de bougie pesant chacune 17^{kilog},5 et lui coûtant 37^f,50. Il en a revendu 185 kilog. à 2^f,30 le kilog.; 407 kilog. à 2^f,35 et le reste à 2^f,40. Quel a été son bénéfice?

951. On a acheté pour une somme totale de 202^f,50

une caisse de chocolat pesant 45 kilog. On voudrait revendre le tout avec un bénéfice égal aux 0,20 du prix d'achat. Quel devra être le prix de vente du *demi-kilogramme*?

952. On a revendu 35 kilog. de café pour une somme totale de 198 francs, et à cette vente on a gagné les 0,20 du prix de revient. Combien avait-on payé : 1° le tout ; 2° le kilog ?

953. Trouver un nombre tel que si l'on en retranche 17, le reste soit double de 27,5.

954. Trouver un nombre tel que si l'on en retranche 17, le reste soit la moitié du nombre primitif.

955. Trouver un nombre tel que si l'on en retranche 48, le reste soit les 0,25 de ce nombre.

956. Trouver un nombre tel que si l'on y ajoute 129, la somme soit égale à 4 fois ce nombre.

957. Si l'on donnait 24 francs à Charles, il aurait 4 fois autant qu'il a maintenant. Quelle somme possède-t-il ?

958. Si je dépensais 50 francs, je ne posséderais plus que les 0,75 de ce que j'ai maintenant. Combien ai-je?

959. Un ouvrier qui travaille 26 jours par mois et dépense en moyenne 4^f,75 par jour, a économisé en un an 61^f,25. Combien gagne-t-il par jour de travail?

960. Un marchand a deux coupons de soie de même qualité : l'un vaut 105 francs, et l'autre, qui a 3 mètres et demi de moins, ne vaut que 78^f,75. On demande : 1° le prix d'un mètre de soie ; 2° la longueur de chaque coupon.

961. Un libraire achète 5 douzaines de volumes à 2^f,50 chacun, et reçoit 13 volumes pour 12. S'il les revend tous 3^f,25 la pièce, quel bénéfice total réalisera-t-il?

962. Avec 100 francs combien pourrait-on acheter de fagots à 2^f,50 la douzaine, si l'on a 13 fagots pour 12 ?

963. Si des 0,35 de ce que je possède on en retire les 0,059, on trouve 145^f,50. Combien ai-je ?

964. Si des 0,25 de mon avoir on en retire les 0,055 et qu'on ajoute 20ᶠ,90 au reste, on trouve 56 francs. Quel est mon avoir ?

965. Dans un atelier, un ouvrier qui n'est payé que toutes les 6 semaines, et travaille 6 jours par semaine, reçoit 207 francs. On demande : 1° combien il gagne par an ; 2° à combien il doit borner sa dépense quotidienne pour économiser le quart de son gain.

966. Deux personnes achètent ensemble une pièce de toile de 39 mètres qu'elles payent 56ᶠ,55. Quelle est la part de chaque personne sachant que la 1ʳᵉ donne 24ᶠ,65 et la 2ᵉ 31ᶠ,90 ?

967. Une personne ayant acheté du seigle à raison de 12ᶠ,40 l'hectolitre s'aperçoit qu'on ne lui a pas livré la qualité demandée. Elle obtient alors une réduction des 0,12 du prix convenu et ne paye ainsi que 409ᶠ,20. Quelle quantité de seigle avait-elle achetée ?

968. 6 hectares, 3 de terrain ensemencés en blé ont produit 2041ᶠ,20 de grain estimé 27 francs les 100 kilog. Trouver la quaniité de blé fournie par un hectare de terrain.

969. Un ouvrier a été engagé à la condition de recevoir 4ᶠ,75 par jour de travail et de payer 2ᶠ,50 chaque fois qu'il ne travaillerait pas. On lui règle son compte au bout de 37 jours, et il reçoit 110ᶠ,50 ; combien a-t-il travaillé de jours et combien en a-t-il perdu ?

970. Les 0,28 d'une pile de fagots achetés 34 francs le 100 valent 23ᶠ,80. Combien cette pile renferme-t-elle de fagots ?

971. Un ouvrier a terminé un travail en 25 jours. Combien aurait-il fallu de jours à 7 ouvriers dont l'activité n'eût été que les 0,8 de celle du précédent, pour achever le même travail ?

972. Un cultivateur qui avait 14 hectolitres de seigle

en vend pour 98 francs, à raison de 14 francs l'hectolitre. Combien lui en reste-il de doubles litres?

973. Un meunier a 48 sacs de farine qui ont été avariés par l'eau. Il veut s'en défaire en consentant une perte des 0,3 de leur valeur primitive et les offre pour une somme de 1176 francs. Quelle était la valeur d'un sac?

974. On offre une certaine somme à un ouvrier pour exécuter un travail; mais il n'en fait que les 0,6 et on lui retient 69^f,40. On demande : 1° quelle était la somme offerte; 2° combien l'ouvrier a reçu.

975. J'avais offert une certaine somme d'une pièce de ruban. M'étant aperçu qu'il en manquait les 0,15 je ne paye que 28^f,90. Combien aurais-je dû si la pièce avait été entière?

976. Une pièce de toile qui valait 45 francs ne vaut plus que 34^f,20 après qu'on en a prélevé un coupon. Quelle portion de la pièce a-t-on prélevée?

977. Un négociant a acheté 1500 litres de vin qui lui ont coûté 980 francs d'achat, 78^f,75 d'entrée, et 33^f,65 de transport; il revend ce vin à raison de 95 centimes le litre. Combien gagne-t-il par litre et sur la totalité? (*Examen du Luxembourg-Paris.*)

978. Partager 300 francs entre deux personnes de manière que l'une reçoive le double de l'autre plus 30 francs.

979. Partager 500 francs entre deux personnes de manière que l'une reçoive le triple de la part de l'autre diminué de 40 francs.

980. Diviser 700 francs en trois parts de manière que la 2e soit le double de la 1re et le quadruple de la 3e.

981. Diviser 400 francs en trois parts de manière que la 2e soit égale à 3 fois la 1re, plus 15 francs, et que la 3e soit égale à 2 fois la 2e moins 20 francs.

982. Le 0,1 de ce que possède Auguste égale la

0,01 de ce que possède Paul, et ils ont ensemble 68ʳ,20. Quelle est la part de chacun?

983. Les 0,8 de ce que possède Léon égalent la part de Charles, et ils ont ensemble 13ʳ,50. Combien chacun d'eux possède-t-il?

984. J'ai dépensé 38 francs, plus 15 francs, et encore 25 francs; il me reste les 0,85 de ce que je possédais. Combien avais-je?

985. On a acheté pour 44ʳ,50, 8 kilog. de sucre, 7 kilog. de chocolat et 2 kilog. de thé. On sait que 3 kilog. de chocolat ont la même valeur que 5 kilog. de sucre, et que 2 kilogr. de thé coûtent autant que 6 kilog. de chocolat. Combien vaut le kilog. de chacune de ces trois substances. (*Académie de Douai.*)

986. Un ouvrier ne travaille pas le lundi et dépense en outre à l'auberge, ce jour-là, 1ʳ,25. Il perd ainsi 247 francs par an. Combien gagne-t-il : 1º par jour ; 2º par semaine?

987. Un train qui fait 34 kilomètres par heure et un autre qui fait 190 kilomètres en 4 heures partent de Paris le 1ᵉʳ à 8 heures et le 2ᵉ à 10 heures du matin, pour suivre la même voie. A quelle distance de Paris le 2ᵉ rejoindra-t-il le 1ᵉʳ ?

988. Le stère de bois vaut 19 francs, et l'on trouve que 42 stères de bois valent autant que 266 hectolitres de charbon. Quel est le prix de 25 hectolitres de charbon?

989. Dans une pièce de drap de 86 mètres, un tailleur coupe deux douzaines et demie de pantalons de 1ᵐ,25 chacun, une demi-douzaine de gilets de 0ᵐ,60 chacun, et une douzaine et demie de jaquettes de 1ᵐ,80 chacune. Combien, avec ce qui reste, peut-on faire de pantalons de 1ᵐ,25 chacun? — Si l'étoffe vaut 12 francs le mètre, combien vaut le drap qui entre dans un gilet, dans une jaquette, dans un pantalon ?

990. 36 ouvriers ont fait 648 mètres d'ouvrage à raison de 1^f,50 le mètre. On retient, en les payant, le prix de 780 kilogr. de pain à 0^f,20 le demi-kilog. Combien revient-il à chaque ouvrier?

991. Une jeune fille, en tricotant, peut confectionner 5 petits bonnets dans deux jours. Sachant qu'elle travaille en moyenne 25 jours par mois, qu'elle vend ses bonnets 90 centimes la pièce, et que le coton nécessaire à la confection de 2 bonnets lui revient à 35 centimes, on demande ce que cette jeune fille peut gagner dans un an.

992. 100 kilogr. de blé donnent 75 kilogr. de farine; combien fourniraient de sacs de farine de chacun 100 kilogr., 12 sacs de blé contenant chacun 1^m,06 de grain et pesant 74 kilogr. par hectolitre?

993. Une personne remplit de vin pur son verre qui contient 18 centilitres, et en boit les 0,25. Elle achève de le remplir avec de l'eau et en boit la moitié. De combien s'en faut-il que cette personne ait bu son verre de vin pur?

994. Un père, pour encourager son fils, lui promet 75 centimes chaque fois qu'il sera le premier de sa classe, à condition que celui-ci lui rendra 0^f,35 chaque fois qu'il n'occupera pas cette place. Après 27 compositions, le fils redoit 65 centimes à son père ; combien a-t-il fait de bonnes compositions et combien de mauvaises?

995. On a acheté 14 douzaines de livres à 1^f,80 la pièce ; on a eu le treizième gratis, et l'on a obtenu en outre une remise des 0,03 du prix d'achat. Combien gagnerait-on sur le tout en revendant chaque volume 2^f,25?

996. On achète 9 douzaines de portefeuilles à 3^f50 la pièce, on a le treizième gratis, et une remise des 0,02 du prix marqué. Combien faudrait-il revendre chaque portefeuille pour gagner 120 fr. sur le tout !

997. Un marchand a acheté des poires à 7^f,50 le cent, les a revendus à raison de 4 pour 0^f,35 et a gagné ainsi 2^{f}25. Combien a-t-il vendu de douzaines de poires ?

998. Un boucher a acheté 29^f,50 un mouton de 35 kilogr. Il a dépensé en outre : entrée en ville, 3^f,25 ; abattoir 0^f,35 ; autres frais 1^f,25. Ce mouton a donné 16^{kg},5 de viande à 0^f,70 le demi-kilogr., 1^{kg},3 de suif à 1^f,10 le kilogr., peau et laine 5^{f}50, tête, pieds, intestins 1^{f}15. Disposez le compte par dépenses et recettes et cherchez le bénéfice.

999. L'eau est formée d'hydrogène et d'oxygène combinés dans le rapport de 1 gramme d'hydrogène pour 8 grammes d'oxygène. On demande : 1° quel poids d'hydrogène et quel poids d'oxygène il entre dans la composition de 855 grammes d'eau ; 2° quels sont les volumes correspondant à ces poids, sachant qu'un litre d'hydrogène pèse 0^{gr},0895 et un litre d'oxygène 1^{gr},432.

1000. L'hectolitre de pommes de terre pèse environ 80 kilogr.; un marchand achète dans un village 320 hectolitres de pommes de terre à raison de 2^{f}95 les 50 kilogr. le droit jusqu'à la ville lui coûte 14 francs les 1000 kilogr. et il vend alors sa marchandise à raison de 8 francs l'hectolitre. Quel bénéfice réalise-t-il ?

MARS

Fractions ordinaires. Principes sur les fractions. Simplification des fractions. Réduction de deux ou de plusieurs fractions au même dénominateur. Addition et soustraction. Règles pratiques. Exercices d'application.

EXERCICES.

Principes généraux.

1001. Exprimer qu'on a partagé une pomme en 4 morceaux égaux et qu'on en a pris 3.

1002. Que signifie l'expression $\frac{5}{8}$ de mètre?

1003. Une personne qui avait divisé sa fortune en 7 parts égales a déjà dépensé 2 de ces parts. Quelle portion de sa fortune lui reste-t-il?

1004. Un tonneau peut contenir 15 seaux d'eau d'égale contenance. Quelle est la capacité d'un de ces seaux par rapport à celle du tonneau? — Quelle portion du tonneau aura-t-on remplie quand on y aura versé 9 seaux d'eau?

1005. On a partagé une somme également entre 12 personnes. Quelle partie de la somme a reçue chaque personne? — Combien ont reçu ensemble 7 personnes? — Combien restait-il pour les autres?

1006. Si l'on partage 18 francs également entre 50 personnes, combien recevra chacune d'elles?

1007. Un coupon de 7 mètres a été partagé en 8 parties égales. Quelle est, en fraction de mètres, la longueur de chaque morceau?

1008. Paul a 5 francs et Léon a 9 francs. Quelle fraction de la part de Léon représente 1 franc? — Quelle fraction de la part de Léon représentent les 5 francs de Paul? — Quelle fraction de la part de Paul représente 1 franc? — Quelle fraction de la part de Paul représentent les 9 francs de Léon?

1008 (*bis*). Un corps dont le poids n'était que de 27 grammes, en pèse maintenant 29. De quelle fraction son poids primitif est-il augmenté?

1009. Lire à haute voix les fractions suivantes et dire ensuite ce qu'elles signifient :

$$\frac{1}{2} \; ; \; \frac{3}{7} \; ; \; \frac{9}{17} \; ; \; \frac{4}{11} \; ; \; \frac{8}{19} \; ; \; \frac{24}{49} \; ; \; \frac{38}{41} \; ; \; \frac{274}{703} \; ; \; \frac{857}{1345} \; ;$$

$$\frac{9420}{63837} \; ; \; \frac{1}{3} \; ; \; \frac{1}{4} \; ; \; \frac{5}{5} \; ; \; \frac{1}{1} \; ; \; \frac{8}{5} .$$

1010. Écrire en chiffres les fractions suivantes :

Quatre *cinquièmes;* vingt-trois *cinquante-septièmes;* trente-deux *soixante-septièmes;* quatre-vingt-sept *cent-neuvièmes;* trois cent cinquante-quatre *mille huit cent dix-septièmes;* deux mille vingt-huit *cinq mille neuf cent trente et unièmes;* quatre *quarts.*

1011. Ranger par ordre de grandeur *croissante* les fractions suivantes :

$$\frac{3}{17} \; ; \; \frac{5}{17} \; ; \; \frac{2}{17} \; ; \; \frac{15}{17} \; ; \; \frac{1}{17} \; ; \; \frac{12}{17} \; ; \; \frac{6}{17} .$$

1012. Ranger par ordre de grandeur *décroissante* les fractions suivantes :

$$\frac{14}{53} \; ; \; \frac{19}{53} \; ; \; \frac{2}{53} \; ; \; \frac{8}{53} \; ; \; \frac{31}{53} \; ; \; \frac{24}{53} \; ; \; \frac{9}{53}$$

1013. Ranger par ordre de grandeur *croissante* les fractions suivantes :

$$\frac{17}{4} \; ; \; \frac{17}{9} \; ; \; \frac{17}{2} \; ; \; \frac{17}{5} \; ; \; \frac{17}{8} \; ; \; \frac{17}{16} \; ; \; \frac{17}{1} \; ; \; \frac{17}{14} .$$

1014. Ranger par ordre de grandeur décroissante les fractions suivantes :

$$\frac{43}{18} \; ; \; \frac{43}{5} \; ; \; \frac{43}{41} \; ; \; \frac{43}{27} \; ; \; \frac{43}{11} \; ; \; \frac{43}{32} \; ; \; \frac{43}{22} .$$

1015. Combien manque-t-il à $\frac{3}{4}$ pour compléter l'unité?

— Combien manque-t-il à $\frac{2}{3}$ pour compléter l'unité?

1016. A laquelle des deux fractions $\frac{3}{4}$ et $\frac{2}{3}$ manque-t-il le plus pour égaler l'unité? — Quelle est la plus grande de ces deux fractions?

1017. Quelle est la plus grande des deux fractions: $\frac{5}{7}$ et $\frac{9}{11}$?

1018. Quelle est la plus petite des deux fractions: $\frac{8}{15}$ et $\frac{19}{26}$.

1019. Ranger par ordre de grandeur *croissante* les fractions suivantes:

$$\frac{3}{11} \; ; \; \frac{15}{23} \; ; \; \frac{2}{10} \; ; \; \frac{5}{13} \; ; \; \frac{9}{17} \; ; \; \frac{19}{27} \; ; \; \frac{4}{12} \; ; \; \frac{35}{43}.$$

1020. Ranger par ordre de grandeur *décroissante* les fractions suivantes:

$$\frac{17}{31} \; ; \; \frac{3}{17} \; ; \; \frac{9}{23} \; ; \; \frac{18}{32} \; ; \; \frac{45}{59} \; ; \; \frac{7}{21} \; ; \; \frac{12}{26}.$$

1021. Qu'arrive-t-il lorsqu'on augmente d'une même quantité chacun des termes d'une fraction?

1022. Indiquer dans les expressions suivantes: 1° celles qui sont plus grandes que l'unité; 2° celles qui sont égales à l'unité; 3° celles qui sont plus petites que l'unité:

$$\frac{24}{47} \; ; \; \frac{34}{7} \; ; \; \frac{8}{8} \; ; \; \frac{7}{36} \; ; \; \frac{5}{14} \; ; \; \frac{19}{19} \; ; \; \frac{5}{11} \; ; \; \frac{28}{19} \; ; \; \frac{49}{5} \; ; \; \frac{3}{3}.$$

1023. Paul a partagé 2 francs entre 5 personnes. Quelle fraction de franc a reçue chaque personne? — **Si** une seule personne avait reçu les 2 francs, combien de fois sa part aurait-elle été plus grande?

1024. Qu'arrive-t-il lorsqu'on supprime le dénominateur d'une fraction?

1025. Dire les trois manières de rendre une fraction plus grande.

1026. Rendre 8 fois plus grande chacune des fractions suivantes :

$$\frac{4}{65} \; ; \; \frac{2}{107} \; ; \; \frac{3}{29} \; ; \; \frac{5}{48} \; ; \; \frac{3}{56} \; ; \; \frac{11}{109} \; ; \; \frac{7}{72} \; ; \; \frac{19}{304} \; ; \; \frac{29}{507} \; ; \; \frac{5}{8}.$$

1027. Dire les trois manières de rendre une fraction plus petite.

1028: Rendre 5 fois plus petite chacune des fractions suivantes :

$$\frac{5}{14} \; ; \; \frac{15}{27} \; ; \; \frac{25}{31} \; ; \; \frac{3}{5} \; ; \; \frac{17}{19} \; ; \; \frac{21}{27} \; ; \; \frac{8}{35} \; ; \; \frac{45}{107} \; ; \; \frac{83}{209} \; ;$$

$$\frac{2}{5} \; ; \; \frac{19}{85}.$$

1029. Donner aux fractions suivantes une autre forme, tout en leur conservant leurs valeurs :

$$\frac{5}{8} \; ; \; \frac{90}{117} \; ; \; \frac{2}{5} \; ; \; \frac{7}{49} \; ; \; \frac{11}{47} \; ; \; \frac{19}{37} \; ; \; \frac{84}{105} \; ; \; \frac{238}{747}.$$

1030. Trouver un nombre six fois plus petit que 5.

1031. Trouver une fraction cinq fois plus petite que $\frac{3}{7}$.

1032. Donner une autre forme (sans changer la valeur

aux fractions suivantes, en ajoutant un nombre différent aux deux termes :

$$\frac{3}{5} ; \quad \frac{4}{11} ; \quad \frac{5}{9} ; \quad \frac{2}{7}.$$

1033. En ajoutant 7 aux deux termes d'une fraction, obtient-on le même résultat qu'en multipliant les deux termes par 7 ?

1034. En retranchant 9 aux deux termes d'une fraction, obtient-on le même résultat qu'en divisant les deux termes par 9 ?

1035. Quel total obtiendrais-je en ajoutant cinq fractions dont le numérateur égale le dénominateur ?

1036. Que devient une expression dont le numérateur égale le dénominateur, lorsqu'on ajoute une même quantité à ses deux termes ?

1037. Que devient une expression dont le numérateur est plus grand que le dénominateur, lorsqu'on ajoute une même quantité à ses deux termes ?

1038. Que devient une fraction dont le numérateur est plus grand que le dénominateur, lorsqu'on retranche une même quantité de chacun de ses termes ?

1039. Placer les expressions suivantes par ordre de grandeur *décroissante* :

$$\frac{17}{14} ; \quad \frac{823}{820} ; \quad \frac{434}{431} ; \quad \frac{155}{152} ; \quad \frac{212}{209} ; \quad \frac{511}{508} ; \quad \frac{9020}{9017}.$$

1040. Placer deux à deux par ordre de grandeur *croissante* les fractions suivantes :

$$\frac{9}{17}, \frac{5}{17} ; \quad \frac{3}{3}, \frac{14}{29} ; \quad \frac{39}{18}, \frac{78}{18} ; \quad \frac{5}{13}, \frac{47}{55}.$$

Réductions des fractions.

1041. Combien y a-t-il de *quarts* dans 3? — de *cinquièmes* dans 7? — de *douzièmes* dans 9? — de *quinzièmes* dans 39? — de *cinq cent quarante-neuvièmes* dans 17?

1042. Combien y a-t-il de *quarts :* 1° dans 5 unités; 2° dans $5\frac{1}{4}$?

1043. Réduire en expressions fractionnaires les nombres fractionnaires suivants :

$$5\frac{2}{3}; \quad 8\frac{1}{5}; \quad 9\frac{3}{7}; \quad 14\frac{2}{9}; \quad 37\frac{1}{8}; \quad 54\frac{2}{17}; \quad 34\frac{29}{54}.$$

1044. Combien y a-t-il de quarts dans 1 unité? — Combien y a-t-il d'unités dans cinq *cinquièmes?*

1045. Combien y a-t-il d'unités dans $\frac{8}{4}$? — dans $\frac{12}{4}$? — dans $\frac{32}{4}$?

1046. Réduire en unités les expressions fractionnaires suivantes :

$$\frac{40}{5}; \quad \frac{42}{6}; \quad \frac{54}{9}; \quad \frac{81}{9}; \quad \frac{51}{17}; \quad \frac{459}{9}; \quad \frac{456}{38}; \quad \frac{1905}{127}.$$

1047. Réduire en unités les expressions suivantes :

$$\frac{36}{9}; \quad \frac{54}{18}; \quad \frac{55}{5}; \quad \frac{56}{14}; \quad \frac{234}{39}; \quad \frac{696}{87}; \quad \frac{4944}{30}$$

1048. Trouver combien il y a d'unités dans :

$$\frac{37}{6}; \quad \frac{24}{9}; \quad \frac{34}{11}; \quad \frac{68}{35}; \quad \frac{83}{9}; \quad \frac{147}{7}; \quad \frac{946}{18}; \quad \frac{3852}{508}.$$

1049. Extraire les entiers contenus dans lesexpressions suivantes :

$$\frac{27}{5} \ ; \ \frac{43}{11} \ ; \ \frac{62}{18} \ ; \ \frac{235}{49} \ ; \ \frac{148}{27} \ ; \ \frac{819}{65} \ ; \ \frac{548}{41} \cdot$$

1050. Quelle est la plus grande des deux expressions :

$$18 \text{ et } \frac{162}{9} ? \ — \ 4 \text{ et} \frac{32}{5} ? \ — \ 26 \text{ et } \frac{217}{8} ?$$

1051. On a du drap de deux qualités : l'une vaut 14 francs le mètre et l'autre 73 francs les 5 mètres. Quelle est la plus chère?

1052. Une fontaine fournit 4320 litres en 9 heures et une autre 472 litres en 1 heure. Quelle est celle qui a le débit le plus considérable?

1053. Un ouvrier a fait 27 mètres $\frac{1}{5}$ d'un ouvrage; un autre a fait les $\frac{439}{15}$ d'un ouvrage semblable. Lequel des deux a le plus travaillé?

1054. Un journalier gagne $\frac{27}{7}$ de francs par jour; combien gagne-t-il en 7 jours?

1055. Un coupon d'étoffe a $\frac{94}{11}$ de mètres; quelle serait la longueur totale de 11 coupons semblables? — de 22 coupons semblables?

1056. Émile a $\frac{34}{5}$ de francs et Charles possède 5 fois autant. Quel est l'avoir de Charles?

1057. Réduire les fractions suivantes à leur plus simple expression en employant la méthode des *divisions successives* :

1er *groupe.* $\frac{8}{12} \ ; \ \frac{24}{40} \ ; \ \frac{32}{60} \ ; \ \frac{84}{144} \ ; \ \frac{810}{1890} \ ; \ \frac{5670}{12474} \cdot$

$$2^{\bullet}\ groupe.\quad \frac{126}{210}\ ;\ \frac{90}{315}\ ;\ \frac{784}{5880}\ ;\ \frac{2646}{10962}\ ;\ \frac{3960}{32472}.$$

$$3^{e}\ groupe.\quad \frac{18}{30}\ ;\ \frac{27}{54}\ ;\ \frac{48}{80}\ ;\ \frac{1848}{3080}\ ;\ \frac{2880}{6120}.$$

1058. Réduire les fractions suivantes à leur plus simple expression en employant la méthode du plus grand commun diviseur :

$$1^{er}\ groupe.\quad \frac{51}{697}\ ;\ \frac{899}{1147}\ ;\ \frac{376}{705}\ ;\ \frac{345}{437}\ ;\ \frac{47}{91}.$$

$$2^{e}\ groupe.\quad \frac{318}{1166}\ ;\ \frac{54}{258}\ ;\ \frac{65}{305}\ ;\ \frac{638}{957}\ ;\ \frac{83}{113}.$$

$$3^{\bullet}\ groupe.\quad \frac{48}{100}\ ;\ \frac{82}{150}\ ;\ \frac{93}{167}\ ;\ \frac{2016}{2520}\ ;\ \frac{1430}{2002}.$$

1059. Dans la fraction $\frac{8}{33}$, combien le numérateur est-il contenu de fois dans le dénominateur? — Si l'on prenait 1 pour numérateur quel nombre devrait-on prendre comme dénominateur pour avoir une valeur approchée de $\frac{8}{33}$?

1060. Donner la valeur la plus approchée des fractions suivantes qui sont irréductibles :

$$\frac{17}{67}\ ;\ \frac{29}{495}\ ;\ \frac{37}{930}\ ;\ \frac{93}{3827}\ ;\ \frac{67}{3479}.$$

1061. Dire entre quelles fractions se trouvent comprises les fractions suivantes :

$$\frac{3}{37}\ ;\ \frac{5}{91}\ ;\ \frac{7}{93}\ ;\ \frac{19}{41}\ ;\ \frac{83}{575}.$$

1062. Réduire à la plus simple expression les fractions composées suivantes :

$$\frac{7\times 9\times 6\times 18}{42\times 12\times 36} \,;\quad \frac{24\times 17\times 80}{51\times 72\times 100} \,;\quad \frac{35\times 46\times 18\times 46}{18\times 70\times 50\times 240}\cdot$$

1063. Réduire en entiers et en fractions (à la plus simple expression) les nombres suivants :

$$\frac{80}{44} \,;\quad \frac{125}{75} \,;\quad \frac{84}{22} \,;\quad \frac{649}{72}\cdot$$

1064. Réduire en expressions fractionnaires qui aient le plus petit dénominateur possible les nombres fractionnaires suivants :

$$4\,\frac{3}{12} \,;\quad 8\,\frac{5}{15} \,;\quad 37\,\frac{6}{30} \,;\quad 2\,\frac{9}{63} \,;\quad 174\,\frac{72}{120}\cdot$$

Réduction au même dénominateur.

1065. Réduire au même dénominateur les fractions suivantes :

1er *groupe.* $\dfrac{2}{3}$ et $\dfrac{3}{4}$; $\dfrac{5}{7}$ et $\dfrac{3}{9}$; $\dfrac{5}{8}$ et $\dfrac{2}{5}$; $\dfrac{4}{17}$ et $\dfrac{8}{19}\cdot$

2e *groupe.* $\dfrac{5}{8}$ et $\dfrac{6}{11}$; $\dfrac{3}{14}$ et $\dfrac{2}{3}$; $\dfrac{5}{9}$ et $\dfrac{3}{4}$; $\dfrac{14}{21}$ et $\dfrac{7}{19}\cdot$

3e *groupe.* $\dfrac{31}{47}$ et $\dfrac{18}{29}$; $\dfrac{24}{37}$ et $\dfrac{15}{19}$; $\dfrac{67}{91}$ et $\dfrac{23}{58}\cdot$

1066. Réduire au même dénominateur :

1er *groupe.* $\dfrac{1}{3}$ et $\dfrac{5}{6}$; $\dfrac{3}{4}$ et $\dfrac{5}{12}$; $\dfrac{7}{18}$ et $\dfrac{5}{6}$; $\dfrac{9}{30}$ et $\dfrac{3}{5}\cdot$

2e *groupe.* $\dfrac{6}{7}$ et $\dfrac{5}{21}$; $\dfrac{9}{14}$ et $\dfrac{7}{56}$; $\dfrac{5}{27}$ et $\dfrac{7}{9}$; $\dfrac{1}{12}$ et $\dfrac{11}{84}$.

3e *groupe.* $\dfrac{5}{42}$ et $\dfrac{3}{7}$; $\dfrac{5}{18}$ et $\dfrac{2}{9}$; $\dfrac{7}{108}$ et $\dfrac{1}{9}$; $\dfrac{15}{243}$ et $\dfrac{2}{9}$.

1067. Réduire au même dénominateur les fractions suivantes :

1er *groupe.* $\dfrac{5}{12}$ et $\dfrac{3}{8}$; $\dfrac{1}{8}$ et $\dfrac{5}{6}$; $\dfrac{7}{24}$ et $\dfrac{9}{16}$; $\dfrac{4}{27}$ et $\dfrac{7}{18}$.

2e *groupe.* $\dfrac{1}{6}$ et $\dfrac{3}{8}$; $\dfrac{5}{14}$ et $\dfrac{10}{21}$; $\dfrac{15}{42}$ et $\dfrac{18}{35}$; $\dfrac{37}{108}$ et $\dfrac{23}{84}$.

3e *groupe.* $\dfrac{7}{24}$ et $\dfrac{7}{10}$; $\dfrac{13}{20}$ et $\dfrac{5}{16}$; $\dfrac{17}{44}$ et $\dfrac{9}{28}$; $\dfrac{15}{144}$ et $\dfrac{7}{48}$.

1068. Réduire au même dénominateur par la *méthode des multiplications successives.*

1er *groupe.* $\dfrac{2}{3}$, $\dfrac{3}{4}$ et $\dfrac{1}{5}$; $\dfrac{5}{7}$, $\dfrac{3}{5}$ et $\dfrac{2}{9}$.

2e *groupe.* $\dfrac{-}{9}$, $\dfrac{7}{16}$ et $\dfrac{1}{7}$; $\dfrac{4}{15}$, $\dfrac{6}{7}$ et $\dfrac{3}{11}$.

3e *groupe.* $\dfrac{3}{17}$, $\dfrac{4}{9}$ et $\dfrac{2}{5}$; $\dfrac{5}{11}$, $\dfrac{4}{13}$ et $\dfrac{8}{19}$.

1069. Réduire au même dénominateur par la *méthode du plus petit dénominateur commun :*

1er *groupe.* $\dfrac{3}{7}$, $\dfrac{2}{5}$ et $\dfrac{7}{15}$; $\dfrac{1}{9}$, $\dfrac{3}{5}$ et $\dfrac{2}{3}$.

2e *groupe.* $\dfrac{3}{8}$, $\dfrac{1}{12}$, $\dfrac{5}{6}$ et $\dfrac{2}{3}$; $\dfrac{7}{15}$, $\dfrac{11}{12}$, $\dfrac{2}{3}$ et $\dfrac{3}{20}$.

3e *groupe.* $\dfrac{14}{30}, \dfrac{17}{50}, \dfrac{9}{27}, \dfrac{3}{4}, \dfrac{9}{16}$ et $\dfrac{31}{64}$.

1070. Ranger par ordre de grandeur *croissante* les fractions suivantes :

$$\frac{3}{4} \; ; \; \frac{4}{15} \; ; \; \frac{1}{12} \; ; \; \frac{7}{20} \; ; \; \frac{4}{27} \; ; \; \frac{9}{40}.$$

1071. Ranger par ordre de grandeur *décroissante* les fractions suivantes :

$$\frac{4}{15} \; ; \; \frac{1}{10} \; ; \; \frac{5}{9} \; ; \; \frac{1}{12} \; ; \; \frac{5}{18} \; ; \; \frac{7}{90} \; ; \; \frac{2}{25}.$$

1072. Comment pourrait-on réduire deux fractions au même numérateur et quelle pourrait être l'utilité de cette réduction ?

1073. Réduire $\dfrac{2}{3}$ et $\dfrac{5}{8}$ au même numérateur et dire quelle est la plus grande des deux fractions.

1074. Dire la plus grande des deux fractions $\dfrac{5}{7}$ et $\dfrac{9}{16}$ après les avoir réduites au même *numérateur*.

1075. Placer les fractions suivantes par ordre de grandeur *décroissante* après les avoir réduites au même numérateur : $\dfrac{2}{5} \; ; \; \dfrac{2}{3} \; ; \; \dfrac{3}{4} \; ; \; \dfrac{1}{7}$.

ADDITION DES FRACTIONS.

Exercices :

1076. $\dfrac{2}{7} + \dfrac{3}{7}$.   **1077.** $\dfrac{3}{11} + \dfrac{4}{11}$.

1078. $\dfrac{2}{17}+\dfrac{5}{17}+\dfrac{3}{17}.$

1079. $\dfrac{4}{25}+\dfrac{3}{25}+\dfrac{9}{25}.$

1080. $\dfrac{5}{31}+\dfrac{8}{31}+\dfrac{1}{31}.$

1081. $\dfrac{7}{104}+\dfrac{9}{104}+\dfrac{43}{104}+\dfrac{21}{104}.$

1082. $1+\dfrac{1}{3}.$

1083. $1+\dfrac{2}{5}.$

1084. $1+\dfrac{3}{8}.$

1085. $\dfrac{4}{15}+1.$

1086. $\dfrac{3}{17}+\dfrac{2}{17}+1.$

1087. $1+\dfrac{2}{37}+\dfrac{15}{37}.$

1088. $2+\dfrac{3}{7}.$

1089. $3+\dfrac{2}{5}.$

1090. $9+\dfrac{1}{15}.$

1091. $1+4+\dfrac{1}{3}.$

1092. $7+\dfrac{2}{11}+8.$

1093. $14+2+\dfrac{5}{39}+8.$

1094. $3\dfrac{1}{4}+7\dfrac{1}{4},$

1095. $9\dfrac{2}{5}+8\dfrac{1}{5}.$

1096. $4\dfrac{2}{7}+6\dfrac{1}{7}+5\dfrac{4}{7}.$

1097. $7\dfrac{2}{19}+15\dfrac{3}{19}+8\dfrac{5}{19}+12\dfrac{4}{19}.$

1098. $37\dfrac{1}{14}+28+51\dfrac{3}{14}.$

1099. $\dfrac{2}{3}+\dfrac{1}{5}.$

1100. $\dfrac{3}{7}+\dfrac{2}{15}.$

1101. $\dfrac{4}{19}+\dfrac{2}{7}.$

1102. $\dfrac{5}{8}+\dfrac{1}{3}.$

1103. $\dfrac{3}{11}+\dfrac{4}{9}.$

1104. $\dfrac{17}{19}+\dfrac{1}{14}.$

1105. $\dfrac{19}{41}+\dfrac{2}{7}.$

1106. $\dfrac{14}{53}+\dfrac{28}{37}.$

1107. $\dfrac{43}{93}+\dfrac{19}{71}.$

1108. $4+\dfrac{2}{5}+\dfrac{3}{11}.$

1109. $8+\dfrac{3}{7}+\dfrac{4}{15}$.

1110. $9+6+\dfrac{1}{3}+\dfrac{1}{7}$.

1111. $18+15+21+\dfrac{3}{14}+\dfrac{2}{5}$.

1112. $24+\dfrac{2}{9}+17+\dfrac{3}{7}$.

1113. $347\dfrac{15}{46}+19\dfrac{2}{5}$.

1114. $83\dfrac{1}{2}+38\dfrac{1}{9}+47\cdot+14+\dfrac{3}{8}$.

1115. $\dfrac{1}{2}+\dfrac{1}{4}$.

1116. $\dfrac{1}{3}+\dfrac{1}{6}$.

1117. $\dfrac{1}{5}+\dfrac{3}{10}$.

1118. $\dfrac{1}{9}+\dfrac{2}{3}$.

1119. $\dfrac{3}{14}+\dfrac{5}{7}$.

1120. $\dfrac{5}{21}+\dfrac{1}{3}$.

1121. $\dfrac{3}{4}+\dfrac{1}{2}+\dfrac{5}{8}$.

1122. $\dfrac{1}{3}+\dfrac{5}{6}+\dfrac{2}{9}$.

1123. $\dfrac{5}{14}+\dfrac{10}{21}+\dfrac{1}{7}$.

1124. $\dfrac{2}{34}+\dfrac{5}{34}+\dfrac{3}{17}$.

1125. $\dfrac{2}{11}+\dfrac{7}{44}+\dfrac{3}{22}+\dfrac{9}{11}$.

1126. $3+\dfrac{2}{3}+\dfrac{1}{6}$.

1127. $5+\dfrac{3}{4}+9+\dfrac{1}{8}$.

1128. $7+\dfrac{4}{9}+11+\dfrac{1}{3}$.

1129. $\dfrac{1}{12}+8+\dfrac{1}{6}+17$.

1130. $49\dfrac{1}{7}+23\dfrac{5}{14}+52+\dfrac{9}{56}$.

1131. $147\dfrac{1}{8}+28\dfrac{1}{6}+4\dfrac{3}{20}+\dfrac{7}{60}$.

1132. $\dfrac{2}{5}+\dfrac{1}{3}+\dfrac{1}{4}$.

1133. $\dfrac{2}{19}+\dfrac{3}{5}+\dfrac{1}{2}$.

1134. $\dfrac{4}{31}+\dfrac{1}{7}+\dfrac{5}{14}$.

1135. $\dfrac{3}{7}+\dfrac{1}{8}+\dfrac{1}{5}$.

1136. $\dfrac{2}{9}+\dfrac{5}{11}+\dfrac{8}{17}$.

1137. $\dfrac{4}{15}+\dfrac{2}{7}+\dfrac{8}{17}$.

1138. $\dfrac{1}{12} + \dfrac{3}{8} + \dfrac{5}{6}$.

1139. $\dfrac{8}{15} + \dfrac{2}{3} + \dfrac{1}{9} + \dfrac{1}{6}$.

1140. $\dfrac{4}{7} + \dfrac{2}{9} + \dfrac{1}{6} + \dfrac{2}{3} + \dfrac{5}{12}$.

1141. $\dfrac{8}{15} + \dfrac{7}{12} + \dfrac{1}{2} + \dfrac{5}{24} + \dfrac{7}{16}$.

1142. $3 + \dfrac{2}{3} + \dfrac{1}{5} + \dfrac{2}{9}$.

1143. $9 + 6 + \dfrac{1}{8} + \dfrac{3}{5} + \dfrac{1}{4}$.

1144. $9 + \dfrac{2}{7} + 8 + \dfrac{4}{11} + 3 + \dfrac{1}{14}$.

1145. $9\,\dfrac{2}{7} + 5\,\dfrac{1}{3} + 7\,\dfrac{5}{9}$.

1146. $14\,\dfrac{1}{9} + 17\,\dfrac{1}{3} + 23\,\dfrac{5}{6} + 47\,\dfrac{2}{9} + 53\,\dfrac{5}{12} + 19\,\dfrac{8}{15}$.

1147. $37\,\dfrac{2}{15} + 23\,\dfrac{5}{12} + 74\,\dfrac{2}{9} + 83\,\dfrac{1}{6} + 71\,\dfrac{3}{8} + 19\,\dfrac{9}{16}$.

PROBLÈMES SUR L'ADDITION DES FRACTIONS.

1148. On a vendu les $\dfrac{2}{7}$ puis les $\dfrac{3}{7}$ d'une pièce de velours. Quelle portion totale en a-t-on vendue?

1149. Une baguette est peinte en deux couleurs : $\dfrac{2}{9}$ de mètre en bleu et $\dfrac{5}{9}$ de mètre en rouge. Quelle est la longueur de cette baguette ?

1150. Une pièce de toile a 87 mètres $\dfrac{1}{8}$ et une autre 75 mètres $\dfrac{3}{8}$. Quelle est la longueur totale de ces deux pièces ?

1151. On a retiré d'une pièce de drap un coupon de

17 mètres, et elle contient encore 49 mètres $\frac{2}{5}$. Quelle était la longueur primitive de cette pièce?

1152. Deux paquets pèsent l'un $4^{kg}\frac{1}{10}$ et l'autre $7^{kg}\frac{2}{5}$, combien pèsent-ils ensemble?

1153. Un ouvrier a fait les $\frac{5}{9}$ d'un travail et son fils en a fait les $\frac{2}{7}$. Quelle portion du travail ont-ils faite à eux deux?

1154. Le reste d'une soustraction est $29\frac{1}{4}$ et le petit nombre est $8\frac{3}{7}$: quel est l'autre nombre?

1155. J'ai dépensé $37^f\frac{1}{4}$ et il me reste $18^f\frac{3}{5}$. Combien avais-je avant de faire cette dépense?

1156. Deux fontaines fournissent ensemble de l'eau à un bassin : la 1re donne $4^{lit}\frac{1}{7}$ et la 2^e $5\frac{1}{3}$ par minute. Combien ce bassin reçoit-il de litres d'eau par minute?

1157. Deux fûts de bière contiennent l'un 4 décalitres $\frac{2}{5}$ et l'autre $\frac{1}{2}$ décalitre de plus. Quelle est la contenance du second fût?

1158. Deux barriques ont comme capacité : l'une $225^{lit}\frac{1}{3}$ et l'autre $3^{lit}\frac{1}{5}$ de plus. Combien faudrait-t-il de litres de vin pour les remplir toutes deux?

1159. Un homme a fait un trajet en deux jours, savoir : $27^{km}\frac{2}{5}$ le 1er jour et $3^{km}\frac{1}{8}$ de plus le lendemain. Quelle était la longueur de ce trajet?

1160. Trois personnes se sont partagé une somme : la 1re a eu $16^f\,\dfrac{1}{5}$; la 2^e $34^f\,\dfrac{1}{2}$ et la 3^e $9^f\,\dfrac{3}{4}$. Quelle était la somme partagée ?

1161. Le total d'une addition est $249\,\dfrac{3}{11}$; si l'on entrelaçait dans cette opération les nombres $6\,\dfrac{3}{7}$ et $9\,\dfrac{5}{22}$, quel serait le nouveau total ?

1162. Trois ouvriers ont fait : le 1er les $\dfrac{2}{15}$; le second, les $\dfrac{3}{11}$, et le 3e les $\dfrac{2}{9}$ d'un travail. Quelle portion totale de l'ouvrage ont-ils achevée ?

1163. On doit à un ouvrier $11^h\,\dfrac{1}{2} + 9^h\,\dfrac{3}{4} + 10^h\,\dfrac{2}{5} + 10^h\,\dfrac{2}{3}$ de travail. Combien d'heures lui est-il dû en tout ?

1164. On a retiré d'une pièce de soie deux coupons ayant : l'un $18^m\,\dfrac{2}{3}$ et l'autre $5^m\,\dfrac{1}{6}$ de plus, et il reste encore $37^m\,\dfrac{1}{2}$. Quelle était la longueur de cette pièce ?

1165. Lorsque 3 poires valent 16 centimes, 4 pommes 15 centimes, et 5 pêches 45 centimes, combien valent ensemble une poire, une pomme et une pêche ?

1166. Combien devrait une personne qui achèterait un mètre de drap à 72 francs les 7 mètres, un mètre à 96 francs les 9 mètres, et un mètre à 100 francs les 12 mètres ?

1167. Un ouvrier pourrait terminer un travail en 8 jours ; un 2e le ferait seul en 9 jours, et un 3e l'achèverait seul en 10 jours. Quelle portion de l'ouvrage sera faite en un jour, si l'on occupe ensemble ces trois ouvriers ?

1168. Une fontaine pourrait remplir seule un réservoir en 7 heures, une 2e le remplirait en 9 heures, une

3e en 11 heures, une 4e en 12 heures et une 5e en 15 heures. Quelle portion du réservoir sera remplie en une heure si on l'alimente par les 5 fontaines à la fois?

SOUSTRACTION DES FRACTIONS. EXERCICES.

1169. $\dfrac{5}{7} - \dfrac{2}{7}$.

1170. $\dfrac{15}{19} - \dfrac{7}{19}$.

1171. $\dfrac{31}{87} - \dfrac{29}{87}$.

1172. $1 - \dfrac{1}{3}$.

1173. $1 - \dfrac{2}{5}$.

1174. $1 - \dfrac{18}{29}$.

1175. $2 - \dfrac{1}{4}$.

1176. $5 - \dfrac{2}{3}$.

1177. $8 - \dfrac{9}{19}$.

1178. $2 - 1\dfrac{1}{4}$.

1179. $7 - 1\dfrac{2}{9}$.

1180. $14 - 3\dfrac{5}{7}$.

1181. $34 - 7\dfrac{2}{15}$.

1182. $29 - 11\dfrac{4}{17}$.

1183. $563 - 86\dfrac{2}{9}$.

1184. $\dfrac{5}{6} - \dfrac{1}{5}$.

1185. $\dfrac{8}{9} - \dfrac{2}{7}$.

1186. $\dfrac{15}{38} - \dfrac{5}{17}$.

1187. $\dfrac{5}{8} - \dfrac{1}{4}$.

1188. $\dfrac{7}{15} - \dfrac{1}{6}$.

1189. $\dfrac{17}{24} - \dfrac{5}{18}$.

1190. $9\dfrac{3}{7} - 5\dfrac{2}{7}$.

1191. $8\dfrac{5}{9} - 2\dfrac{4}{9}$.

1192. $47\dfrac{8}{19} - 19$.

1193. $7\dfrac{2}{3} - 4\dfrac{1}{8}$.

1194. $6\dfrac{5}{9} - 1\dfrac{3}{11}$.

1195. $83\dfrac{17}{19} - 71\dfrac{4}{15}$.

1196. $9\dfrac{4}{9} - 5\dfrac{1}{3}$.

1197. $68\frac{5}{12} - 37\frac{5}{18}.$

1198. $740\frac{20}{21} - 6\frac{9}{15}.$

1199. $1\frac{2}{7} - \frac{5}{7}.$

1200. $1\frac{3}{11} - \frac{7}{11}.$

1201. $1\frac{8}{37} - \frac{19}{37}.$

1202. $4\frac{2}{9} - \frac{8}{9}.$

1203. $17\frac{4}{15} - \frac{9}{15}.$

1204. $38\frac{2}{27} - \frac{26}{27}.$

1205. $4\frac{2}{9} - 1\frac{8}{9}.$

1206. $17\frac{4}{15} - 1\frac{9}{15}.$

1207. $33\frac{2}{27} - 1\frac{26}{27}.$

1208. $8\frac{4}{7} - 3\frac{5}{7}.$

1209. $23\frac{2}{19} - 8\frac{7}{19}.$

1210. $171\frac{17}{38} - 49\frac{27}{38}.$

Expressions à calculer.

1211. $\left(1 + \frac{3}{7} + \frac{8}{9}\right) - \left(\frac{2}{7} + \frac{4}{9}\right).$

1212. $\left(8 + 4\frac{1}{3} + 9\frac{2}{5}\right) - \left(6 + \frac{2}{3} + \frac{4}{5}\right).$

1213. $\left(3\frac{4}{9} + 7\frac{2}{3} + 18\frac{4}{5}\right) - \left(2\frac{1}{5} + 6\frac{1}{3} + 7\frac{2}{9}\right).$

1214. $\left(47\frac{1}{4} + 9\frac{2}{7}\right) - \left(5\frac{1}{2} + 8\frac{2}{5}\right).$

1215. $\left(39\frac{2}{9} + 8\frac{5}{12} + 7\frac{4}{15}\right) - \left(12\frac{2}{3} + 7\frac{5}{6} + 2\frac{1}{24}\right).$

PROBLÈMES SUR LA SOUSTRACTION.

1216. Deux ouvriers ont fait : l'un les $\frac{5}{17}$ et l'autre les $\frac{8}{17}$ d'un même travail. Quelle portion de l'ouvrage le second a-t-il faite de plus que le 1er ?

1217. Un fût est rempli aux $\frac{2}{5}$ de sa capacité. De combien s'en faut-il qu'il soit plein ?

1218. On verse dans une mesure de 1 litre le contenu d'un flacon de $\frac{2}{7}$ de litre de capacité. Combien manque-t-il à la mesure pour être pleine ?

1219. Une fontaine peut remplir un bassin en 14 heures. De combien s'en faudra-t-il que le bassin soit plein lorsque cette fontaine l'aura alimenté pendant une heure ?

1220. J'ai dépensé les $\frac{3}{34}$ de mon avoir. Quelle portion m'en reste-t-il ?

1221. Deux flacons contiennent : l'un 3 litres et l'autre 2 $^{\text{lit}}\frac{2}{5}$. Quelle est la différence de leurs capacités ?

1222. Deux ballots pèsent : l'un $37^{\text{kg}}\frac{3}{4}$, l'autre $34^{\text{kg}}\frac{1}{8}$. Quel est l'excédant du poids du premier sur celui du second ?

1223. Combien restera-t-il d'une pièce d'étoffe de $64^{\text{m}}\frac{4}{5}$ lorsqu'on aura prélevé un coupon de $17^{\text{m}}\frac{3}{10}$?

1224. Il s'en faut de 3 mètres $\frac{1}{2}$ qu'une pièce de soie ait 85 mètres. Quelle est la longueur de cette pièce ?

1225. Deux objets pèsent ensemble $27^{\text{Dg}}\frac{3}{5}$. L'un des deux pesant $17^{\text{Dg}}\frac{1}{2}$, trouver le poids de l'autre.

126. Un terrain de $27^{\text{A}}\frac{2}{3}$ a été divisé en deux lots dont l'un a $14^{\text{a}}\,\dfrac{4}{5}$. Quelle est la superficie de l'autre lot ?

1227. Dans une soustraction, le grand nombre est $127\,\dfrac{4}{15}$ et le reste $29\,\dfrac{3}{7}$. Quel est le petit nombre ?

1228. Le reste d'une soustraction est $9\,\dfrac{2}{9}$. Que deviendra-t-il si l'on augmente le nombre à retrancher de $3\,\dfrac{4}{7}$?

1229. Un ouvrier n'a fait que $7^{\text{h}}\,\dfrac{3}{4}$ de travail au lieu des $11^{\text{h}}\,\dfrac{1}{2}$ qui composent sa journée habituelle. Combien d'heures a-t-il perdues ?

1230. Quatre nombres dont le premier est $49\,\dfrac{2}{11}$ vont en diminuant successivement de $3\,\dfrac{4}{5}$. Quel est le dernier de ces nombres ?

PROBLÈMES SUR L'ADDITION ET LA SOUSTRACTION.

1231. Un ouvrier, chargé d'un travail, n'en a pu faire que les $\dfrac{4}{9}$ et s'est fait aider par son fils, qui en a achevé les $\dfrac{2}{9}$. De combien s'en faut-il que l'ouvrage soit entièrement terminé ?

1232. On a vendu successivement les $\dfrac{3}{15}$, les $\dfrac{2}{15}$ et les $\dfrac{4}{15}$ d'une pièce de drap. Combien reste-t-il de cette pièce ?

1233. Quelle portion de mon avoir me reste-t-il, sachant que j'en ai dépensé d'abord le $\frac{1}{3}$, puis les $\frac{3}{14}$ et enfin le $\frac{1}{12}$?

1234. Une caisse pèse pleine $39^{\text{ks}}\ \frac{2}{15}$. Les objets emballés pèsent $32^{\text{ks}}\ \frac{2}{3}$ et la paille employée comme garniture $\frac{4}{5}$ de kilog. Combien pèse la caisse vide ?

1235. Le reste d'une soustraction est $14\frac{2}{9}$. On augmente le grand nombre de $9\frac{2}{3}$ et le petit nombre de $7\frac{1}{5}$. Quel sera le nouveau reste ?

1236. Paul avait $17^{\text{fr}}\ \frac{2}{5}$ de plus que Julien. Mais on vient de donner 19 francs à Paul et $24^{\text{fr}}\ \frac{1}{4}$ à Julien. Combien le 1er possède-t-il maintenant de plus que le second ?

1237. Trois fontaines doivent emplir ensemble un réservoir. La 1re en a déjà empli les $\frac{2}{17}$, la 2e les $\frac{3}{15}$ et la $3^{\bullet}$ le $\frac{1}{5}$. Quelle portion du réservoir reste-t-il à emplir ?

1238. On a prélevé $8^{\text{m}}\ \frac{1}{4}$ d'une pièce de toile de 45 mètres et $12^{\text{m}}\ \frac{2}{5}$ d'une autre pièce qui avait 48 mètres. Quelle est celle des deux pièces qui a maintenant la plus grande longueur, et de combien surpasse-t-elle l'autre ?

1239. Deux apprentis travaillent chacun à un ouvrage

semblable. Le 1ᵉʳ a fait les $\frac{2}{7}$ du sien et il s'en faut des $\frac{4}{9}$ que celui du second soit achevé. Quel est celui des deux apprentis qui a le plus travaillé ?

1240. Trois carafons contiennent : le 1ᵉʳ $\frac{2}{3}$ de litre; le 2ᵉ $\frac{1}{12}$ de litre de plus que le 1ᵉʳ; le 3ᵉ $\frac{1}{6}$ de litre de plus que le 2ᵉ. Combien faut-il de litres de vin pour emplir ces trois flacons?

AVRIL.

Multiplication et division des fractions ordinaires. — Règles pratiques. — Exercices d'application. — Problèmes. — Conversion des fractions ordinaires en fractions décimales. — Règle pratique.

MULTIPLICATION DES FRACTIONS.

Exercices :

1241. $\frac{2}{7} \times 3.$ **1245.** $\frac{7}{12} \times 6.$

1242. $\frac{5}{19} \times 2.$ **1246.** $\frac{19}{36} \times 12.$

1243. $\frac{4}{11} \times 5.$ **1247.** $4\frac{1}{3} \times 2.$

1244. $\frac{5}{24} \times 3.$ **1248.** $5\frac{2}{7} \times 3.$

1249. $19\frac{1}{12}\times 7.$

1250. $1\frac{2}{3}\times 4.$

1251. $8\frac{2}{9}\times 7.$

1252. $14\frac{3}{7}\times 9.$

1253. $2\frac{5}{8}\times 9.$

1254. $7\frac{3}{14}\times 19.$

1255. $43\frac{2}{3}\times 21.$

1256. $9\times 5\frac{2}{3}.$

1257. $24\times 3\frac{5}{6}.$

1258. $33\times 18\frac{2}{11}.$

1259. $\frac{2}{5}\times\frac{3}{4}.$

1260. $\frac{8}{15}\times\frac{7}{9}.$

1261. $\frac{3}{19}\times\frac{5}{7}.$

1262. $\frac{8}{17}\times\frac{3}{4}.$

1263. $\frac{9}{41}\times\frac{5}{18}.$

1264. $\frac{3}{11}\times\frac{1}{3}.$

1265. $\frac{15}{28}\times\frac{3}{5}.$

1266. $\frac{6}{29}\times\frac{5}{24}.$

1267. $\frac{39}{97}\times\frac{7}{156}.$

1268. $\frac{2}{7}\times\frac{3}{4}\times\frac{1}{2}\times 3.$

1269. $9\frac{2}{7}\times 14\times 8\frac{1}{9}.$

1270. $17\frac{2}{7}\times 6\frac{1}{8}\times 29\frac{1}{2}$

PROBLÈMES.

71. Que vaut $\frac{1}{5}$ de mètre de drap à 15 francs le mètre ?

1272. Que vaudraient $\frac{3}{4}$ de mètre de soie à 12 francs le mètre ?

1273. Dire le prix de 28 mètres de toile à 6 francs les 7 mètres ?

1274. Que peut fournir en 24 minutes un robinet qui donne $\dfrac{11}{12}$ de litres par minute?

1275. Un ouvrier peut faire par heure le $\dfrac{1}{14}$ d'un travail. Quelle portion en achèverait-il en 7 heures?

1276. On m'avait promis 80 francs pour un travail dont je n'ai pu faire que les $\dfrac{3}{5}$. Combien recevrai-je?

1277. On a empli d'eau aux $\dfrac{4}{15}$ un réservoir dont la capacité est de 3600 litres. Combien de litres d'eau y a-t-on versés?

1278. Quelle est la longueur d'un coupon qui égale les $\dfrac{3}{8}$ d'une pièce de 60 mètres?

1279. L'un des facteurs d'une multiplication est 37. Que deviendrait le produit si l'on augmentait l'autre facteur de $\dfrac{3}{5}$ d'unité?

1280. Que deviendrait le produit d'une multiplication si, l'un des facteurs étant $24\dfrac{1}{2}$, on diminuait l'autre de $\dfrac{5}{8}$ d'unité?

1281. Une personne a dépensé les $\dfrac{5}{12}$ de sa fortune qui s'élevait primitivement à 60 000 francs. Que possède encore cette personne?

1282. Je devais faire, moyennant 100 francs, un travail dont je n'ai pu achever que les $\dfrac{7}{8}$. Combien ai-je perdu en ne terminant pas l'ouvrage?

1283. Trouver le prix de $17^m\frac{1}{2}$ de drap à 14 francs le mètre.

1284. Calculer le prix de 24 mètres de ruban à 4 francs les 5 mètres.

1285. Les longueurs de deux coupons de soie sont : $20^m\ \frac{3}{4}$ pour le 1er, et les $\frac{8}{9}$ de la longueur précédente pour le second. Dire la longueur de ce dernier.

1286. Que valent les $\frac{5}{6}$ du triple d'un nombre ?

1287. Calculer les $\frac{2}{5}$ du double de $3\frac{1}{2}$.

1288. Que valent les $\frac{5}{12}$ du quadruple de 12 francs ?

1289. Que vaut le tiers et demi d'un nombre ?

1290. Dire le tiers et demi de 100 ? de 25 ? de 38 ? de $20\frac{1}{2}$?

1291. Pendant 8 jours j'ai fait chaque jour les $\frac{3}{8}$ de 12 heures. Combien ai-je fait d'heures dans ces 8 jours ?

1292. Un litre d'eau pure pèse 1 kilogramme. Le poids de l'air est, à volume égal, le $\frac{1}{770}$ de celui de l'eau, et le poids du gaz hydrogène est, à volume égal aussi, les $\frac{2}{29}$ de celui de l'air. Calculer le poids : 1° de 1 litre d'air ; 2° de 1 litre d'hydrogène ; 3° de 8 litres d'air ; 4° de 25 litres d'hydrogène.

1293. Que valent, à raison de $0^f,60$ le kilogramme, les $\frac{3}{5}$ d'une caisse de savon pesant 40 kilogrammes ?

1294. Combien valent de minutes les $\frac{7}{12}$ d'une heure ?

1295. Combien y a-t-il de secondes dans les $\dfrac{5}{6}$ de 26 minutes?

1296. Un ouvrier a terminé les $\dfrac{3}{11}$ d'un travail. Un second ouvrier n'a fait que les $\dfrac{2}{3}$ de la besogne du premier, et un 3ᵉ a fait les $\dfrac{11}{19}$ de la besogne du second. Quelle portion de l'ouvrage a exécutée ce dernier?

1297. Que coûte, à raison de 2ᶠ25 le kilogramme. L'huile contenue dans 6 bidons dont la capacité moyenne est de 8 litres $\dfrac{2}{5}$?

1298. Que valent 19ᵐ $\dfrac{1}{4}$ de soie à 8 francs le mètre?

1299. Calculer la superficie d'un terrain rectangulaire de 74ᵐ $\dfrac{2}{7}$ de long sur 46 mètres de large. (Longueur ✕largeur).

1300. Un ouvrier travaille 9ʰ $\dfrac{1}{2}$ par jour et gagne 0ᶠ65 par heure. Combien lui est-il dû pour 6 journées et demie de travail?

ADDITION, SOUSTRACTION ET MULTIPLICATION.

PROBLÈMES.

1301. Que valent ensemble les $\dfrac{2}{7}$ + les $\dfrac{3}{7}$ d'un coupon de velours dont le prix est de 84 francs?

1302. Une lampe a brûlé dans une soirée $\dfrac{1}{7}$ de kilogramme d'huile, le lendemain $\frac{1}{9}$ de kilogramme. Quelle est, à raison de 2^f,10 le kilogramme, la dépense pour ces deux soirées?

1303. Paul a 40 francs, mais Charles n'a que les $\frac{4}{5}$ de cette somme. Combien possèdent-ils ensemble?

1304. Deux objets pèsent : l'un 4$^{hg}\frac{1}{5}$, et l'autre les $\frac{7}{8}$ du poids du 1er. Quel est le poids total de ces deux objets?

1305. Un enfant a dépensé les $\frac{2}{7}$ puis les $\frac{3}{11}$ de ses économies. Quelle portion lui en reste-t-il?

1306. J'ai acheté 3$^m\frac{2}{5}$ de drap à 15 francs le mètre ; 6 mètres de soie à 40 francs les 12 mètres, et 15 mètres de doublure à 1$^f\frac{2}{5}$ le mètre. Quelle somme totale ai-je dû débourser?

1307. Une personne devait 780 francs ; elle s'est acquittée successivement des $\frac{2}{5}$, du $\frac{1}{6}$ et des $\frac{3}{10}$ de cette dette. Que redoit-elle?

1308. Une personne possédait 75 francs ; elle en a perdu les $\frac{2}{5}$ au jeu, puis a regagné les $\frac{2}{3}$ de ce qu'elle avait perdu. Combien a-t-elle perdu en réalité et combien lui reste-t-il?

1309. Une fontaine fournit 147$^{lit}\frac{3}{5}$ d'eau par heure, une 2e en donne 138$^{lit}\frac{1}{3}$ et une 3e 140$^{lit}\frac{1}{2}$ dans le même temps. Si ces trois fontaines alimentent ensemble un bassin de 45 000 litres déjà plein aux $\frac{3}{8}$, quelle quantité auront-elles encore à fournir après avoir coulé une heure?

1310. Un ouvrier peut achever seul un travail en 7 heures; un 2ᵉ ouvrier fait par heure, de moins que le précédent, les $\frac{2}{15}$ de l'ouvrage. Combien recevrait ce dernier pour une heure de travail, si l'ouvrage entier est payé 21 francs?

1311. Paul a 45 billes. Charles a les $\frac{2}{3}$ + les $\frac{4}{5}$ du quadruple de la part de Paul, moins 227. Combien Charles a-t-il de billes?

1312. On a vendu le $\frac{1}{6}$ d'une pièce de soie, puis les $\frac{2}{5}$ du reste, puis les $\frac{6}{7}$ du nouveau reste. Calculer la longueur primitive de la pièce sachant que le coupon restant a 6 mètres.

1313. Je suis sorti avec 20 francs dans ma poche; et j'ai dépensé successivement les $\frac{2}{3}$ de 6 francs; les $\frac{2}{5}$ de 15 francs et les $\frac{5}{12}$ de 24 francs. Combien me restait-il après ces diverses dépenses?

1314. Ajoutez les $\frac{3}{17}$ de 153 francs aux $\frac{2}{9}$ du quadruple de 72 francs et vous saurez ce que je possède.

1315. Il est les $\frac{8}{9}$ de l'heure qu'il sera $\frac{3}{4}$ d'heure avant midi. Quelle heure est-il?

1316. Une somme a été partagée entre trois personnes. La 1ʳᵉ a eu les $\frac{3}{4}$ de 200 francs; la 2ᵉ a eu les

$\frac{5}{6}$ de la part de la seconde; la 3e a eu les $\frac{7}{5}$ de la part de la seconde. Quelle était la somme partagée?

1317. Que valent ensemble 47^{kg} $\frac{2}{5}$ de café à 6 francs le kilogramme et 24^{kg} $\frac{1}{2}$ d'une autre qualité qui vaut les $\frac{7}{6}$ de la précédente?

1318. On achète 19 mètres de ruban à 4 francs les 7^m et 7^m $\frac{1}{3}$ d'une autre qualité estimée les $\frac{14}{11}$ de la qualité précédente. Combien doit-on payer?

1319. J'achète 43 mètres de drap, moitié à 14 fr., et moitié à 15 francs le mètre, et je donne comptant les $\frac{4}{5}$ du prix total. De combien est cet acompte?

1320. Une personne achète 45 mètres de toile, dont $\frac{1}{3}$ à 2 fr. le mètre et le reste à 1 fr. et ne paye comptant que les $\frac{3}{8}$ du prix total. Combien redevra-t-elle?

1321. Je devais 4770 francs; j'en ai payé successivement les $\frac{2}{5}$, les $\frac{4}{9}$ et le $\frac{1}{15}$. Combien dois-je encore?

1322. Une personne me devait 5760 francs, elle m'a donné successivement les $\frac{5}{9}$ de cette somme et les $\frac{3}{5}$ du reste. Combien me redoit-elle?

1323. J'achète un fût de cognac de 45 litres, à raison de 3 francs le litre, et j'ai donné un acompte de 30 francs. Combien redevrai-je quand j'aurai encore payé les $\frac{3}{7}$ de ce que je redois maintenant?

1324. Une personne achète de l'étoffe à 28 francs les

9 mètres, et la revend 4 francs le mètre. Calculer ce
ce qu'elle gagne 1° par mètre; 2° sur 27 mètres; 3° sur
12 mètres; 4° sur 35 mètres $\frac{2}{5}$.

1325. J'ai de l'étoffe qui me coûte 31 francs les 5 mètres, et que je revends 27 francs les 4 mètres. Quel est
mon bénéfice quand j'en vends 25 mètres?

1326. Par quel nombre faut-il multiplier une quantité pour l'augmenter de son tiers?

1327. Une fontaine fournit 37 litres $\frac{2}{5}$ d'eau par demi-
minute. Combien peut-elle en donner : 1° en 4 minutes et
demie? 2° en une heure?

1328. De combien augmentera le nombre 74 $\frac{1}{5}$ si on
le multiplie par $\frac{5}{4}$?

1329. Un marchand revend, avec un bénéfice égal aux
$\frac{3}{8}$ du prix d'achat, un objet qui lui a coûté 120 francs.
Combien le revend-il?

1330. J'ai payé de la toile 6 francs les 5 mètres; j'en
revends 350 mètres à raison de 9 francs les 7 mètres, et
je donne aux pauvres les $\frac{2}{5}$ de mon bénéfice. Quelle part
de ce bénéfice me restera-t-il?

1331. De combien diminue un nombre lorsqu'on le
multiplie par $\frac{7}{15}$?

1332. Trouver, sans faire les deux opérations indi-
quées, la différence entre les deux produits suivants :
1° $\left(38 \times \frac{5}{7}\right)$; 2° $\left(38 \times \frac{4}{9}\right)$.

1333. Calculer, sans faire les deux opérations, de combien le produit de $\left(8\frac{2}{5}\times 7\right)$ dépasse celui de $\left(7\times 3\frac{1}{9}\right)$.

1334. Deux amis achètent chacun une propriété à raison de 450 francs l'hectare. Celle du premier a 8 hectares $\frac{1}{2}$ et celle du second 4 hectares $\frac{3}{5}$ de superficie. Quelle est la différence entre les valeurs des deux propriétés?

1335. Un ouvrier fait en une heure les $\frac{5}{42}$ d'un travail qui lui sera payé 14 francs. Combien aura-t-il gagné quand il aura travaillé 7 heures et demie?

1336. Combien est-il dû à un ouvrier qui a travaillé pendant 12 jours, 10 heures $\frac{1}{2}$ par jour, à raison de $\frac{3}{5}$ de franc par heure, et qui a déjà reçu deux acomptes, l'un de 10 francs, l'autre de 9 francs?

1337. Un tas de blé de 18 hectolitres a perdu, en se desséchant, les $\frac{3}{19}$ de son volume. Quelle est sa valeur actuelle, à raison de 22 francs l'hectolitre?

1338. Une personne avait acheté 45 mètres $\frac{1}{2}$ d'étoffe à raison de 8 francs le mètre. Elle a revendu cette étoffe en gagnant le $\frac{1}{5}$ du prix d'achat. Quel bénéfice a-t-elle fait?

1339. Un commerçant a en magasin 35 balles de café de chacune 25 kilogrammes, qu'il devait payer 4 francs le kilogramme; mais il a obtenu une remise des $\frac{2}{35}$ du prix d'achat. Quelle somme doit-il?

1340. J'ai revendu, à raison de 48 francs les 15 litres, de l'eau-de-vie qui me revenait à 12 francs les 5 litres;

mais j'ai fait à l'acheteur une remise des $\frac{4}{100}$ de la somme qu'il devait me payer. Quel est mon bénéfice réel?

1341. Un marchand vend à un amateur, avec un bénéfice égal aux $\frac{3}{8}$ du prix d'achat, un tableau qu'il avait payé 440 francs. L'amateur veut à son tour le revendre en gagnant les $\frac{2}{5}$ du prix qu'il a payé. Quel prix doit-il en demander?

1342. Que devient un produit lorsqu'on multiplie l'un des facteurs par $3\frac{2}{5}$ et l'autre par $4\frac{1}{3}$?

1343. Trois personnes se sont partagé une somme : la 1re a pris 720 francs ; la 2e, les $\frac{3}{4}$ de la part de la première et 90 francs en plus; la 3e, les $\frac{5}{9}$ des deux parts précédentes réunies. Trouver la somme partagée.

1344. Une pièce de soie avait 80 mètres. On en a prélevé successivement 8 mètres $\frac{1}{4}$, 7 mètres $\frac{2}{5}$ et 11 mètres $\frac{1}{2}$. Que vaut le reste, à raison de 9 francs le mètre?

1345. Deux ouvriers, dont l'activité peut être représentée par 1 pour le premier, et par $\frac{5}{6}$ pour le second, travaillent ensemble au même ouvrage et reçoivent $2^{fr}\frac{5}{8}$ par mètre. Combien devra-t-on débourser pour les payer tous deux, quand le premier aura fait $10^{m}\frac{2}{7}$?

DIVISION DES FRACTIONS.

Exercices.

1346. $\dfrac{8}{9} : 4.$

1347. $\dfrac{15}{17} : 3.$

1348. $\dfrac{24}{31} : 8.$

1349. $\dfrac{5}{9} : 4.$

1350. $\dfrac{8}{17} : 3.$

1351. $\dfrac{25}{37} : 8.$

1352. $5 : \dfrac{1}{3}.$

1353. $7 : \dfrac{1}{8}.$

1354. $29 : \dfrac{1}{7}.$

1355. $14 : \dfrac{2}{3}.$

1356. $25 : \dfrac{5}{7}.$

1357. $36 : \dfrac{9}{11}.$

1358. $24 : \dfrac{5}{9}.$

1359. $31 : \dfrac{7}{15}.$

1360. $482 : \dfrac{8}{19}.$

1361. $4\dfrac{1}{3} : 3.$

1362. $15\dfrac{2}{9} : 7.$

1363. $387\dfrac{4}{17} : 9.$

1364. $15 : 1\dfrac{1}{4}.$

1365. $46 : 3\dfrac{2}{7}.$

1366. $164 : 8\dfrac{1}{5}.$

1367. $23 : 7\dfrac{1}{2}.$

1368. $38 : 5\dfrac{1}{8}.$

1369. $675 : 19\dfrac{3}{11}.$

1370. $\dfrac{1}{2} : \dfrac{1}{2}.$

1371. $\dfrac{3}{5} : \dfrac{3}{7}.$

1372. $\dfrac{4}{11} : \dfrac{2}{9}.$

1373. $\dfrac{8}{17} : \dfrac{8}{17}.$

1374. $\dfrac{5}{24} : \dfrac{15}{17}.$

1375. $\dfrac{38}{39} : \dfrac{19}{5}.$

1376. $\dfrac{48}{61} : \dfrac{11}{7}.$

1377. $\dfrac{23}{7} : \dfrac{12}{11}.$

1378. $\dfrac{37}{6} : \dfrac{74}{3}.$

1379. $2\dfrac{1}{4} : \dfrac{9}{4}.$

1380. $8\dfrac{2}{5} : \dfrac{6}{7}.$

1381. $14\dfrac{3}{11} : \dfrac{3}{5}.$

1382. $24\dfrac{2}{7} : \dfrac{17}{9}.$

1383. $86\dfrac{1}{2} : 1\dfrac{1}{3}.$

1384. $47\dfrac{4}{19} : 3\dfrac{1}{5}.$

1385. $42\dfrac{3}{14} : 7\dfrac{4}{9}.$

1386. $6\dfrac{2}{7} : 8\dfrac{2}{11}.$

1387. $3\dfrac{2}{7} : 3\dfrac{2}{7}.$

1388. $\left(\dfrac{3}{9} \times 7\right) : 5.$

1389. $\left(\dfrac{8}{11} : 4\right) \times 9.$

1390. $\left(\dfrac{1}{5} \times \dfrac{4}{7}\right) : 3\dfrac{1}{4}.$

PROBLÈMES.

1391. Un ouvrier a fait en cinq jours les $\dfrac{15}{19}$ d'un tra-travail. Quelle fraction en a-t-il faite par jour en moyenne ?

1392. Il faut trois apprentis pour faire par jour le travail d'un ouvrier qui exécute un travail en sept jours. Quelle portion de travail chaque apprenti fait-il chaque jour ?

1393. Je me suis acquitté des $\dfrac{18}{31}$ d'une dette au moyen de neuf payements égaux. Quelle fraction de cette dette ai-je donnée chaque fois ?

1394. $\dfrac{4}{5}$ de mètre d'une étoffe ont été payés 8 francs.

Que vaut $\dfrac{1}{5}$ de mètre de cette étoffe ? — Que valent $\dfrac{3}{5}$ de mètre? — Que vaut 1 mètre? — Que valent 14 mètres?

1395. Les $\frac{3}{8}$ d'un travail sont payés 27 francs. Que payerait-on pour le travail entier?

1396. Un ouvrier qui a flâné pendant deux heures calcule qu'il a perdu les $\frac{3}{15}$ de sa journée. Combien cet ouvrier devait-il travailler d'heures ce jour-là?

1397. Les $\frac{2}{9}$ d'une somme valent 740 francs. Quelle est cette somme?

1398. Quelle est la somme dont le triple, plus le tiers, valent 900 francs.

1399. Quelle est la somme qui, augmentée de son cinquième, donne 348 francs.

1400. Quel est le nombre qui, diminué de ses $\frac{2}{5}$, donne 72?

1401. Un marchand a vendu un tableau 675 francs, et compte avoir gagné les $\frac{2}{7}$ du prix qu'il lui avait coûté. Combien avait-il acheté ce tableau?

1402. Un bloc de marbre de 8 décimètres cubes pèse $21^{kg}\frac{3}{4}$. Quel est le poids d'un décimètre cube de ce marbre?

1403. 37 litres de vin de Bordeaux pèsent $36^{kg}\frac{88}{125}$. Calcu er le poids d'un litre de ce vin.

1404. Quel est le nombre 7 fois plus petit que $14\frac{2}{3}$?

1205. Lorsque 1 mètre de toile vaut $\frac{4}{5}$ de franc, combien peut-on en avoir de mètres pour 32 francs?

1406. Le kilogramme d'huile valant $2^{fr}\frac{1}{4}$, combien peut-on en acheter de kilogrammes avec 72 francs?

1407. Partager $7\frac{4}{9}$ en trois parties égales.

1408. Paul a 84 francs, et cette somme représente les $\frac{7}{11}$ de l'avoir de Léon. Combien possède celui-ci :

1409. Charles a 98 francs qui valent le quadruple augmenté des $\frac{2}{3}$ de ce que possède Auguste. Quel est l'avoir de ce dernier?

1410. Combien pourrait-on faire de coupons de 3 mètres et demi dans une pièce de drap de 56 mètres?

1411. En $\frac{5}{9}$ d'heure, un ouvrier a terminé les $\frac{2}{15}$ d'un travail. Quelle portion peut-il en faire en 1 heure?

1412. En faisant une multiplication, un élève a trouvé $29\frac{2}{5}$ au produit; mais l'instituteur lui montre que ce résultat n'est que les $\frac{11}{12}$ du vrai produit. Quel est ce produit?

1413. Le produit de deux nombres est 16 et l'un de ces nombres est $3\frac{1}{9}$; calculer l'autre.

1414. En travaillant 7 jours et demi, un ouvrier a gagné 45 francs. Combien reçoit-il par journée de travail?

1415. En 8 heures, 5 ouvriers d'égale activité ont fait 30 mètres $\frac{2}{9}$ d'un travail. On demande : 1° combien les 5 ouvriers ont fait ensemble de mètres en 1 heure; 2° combien chaque ouvrier a fait de mètres par heure?

1416. En 9 heures $\frac{1}{4}$, 7 ouvriers d'égale activité ont fait 124 mètres et demi d'ouvrage. Calculer : 1° combien chaque ouvrier a fait de mètres en 9 heures $\frac{1}{4}$; 2° combien chaque ouvrier a fait de mètres par heure ?

1417. Un ouvrier gagne 6 francs par jour. Un autre, dont l'activité n'est que les $\frac{5}{7}$ de celle du premier, gagne 5 francs. Quel est celui qui gagne le plus, proportionnellement au travail qu'il fait ?

1418. Une fontaine donne 8 litres $\frac{1}{3}$ d'eau par minute. Combien lui faudrait-il de temps pour emplir un réservoir de 1200 litres de capacité ?

1419. Un bassin dont on a vidé les $\frac{3}{11}$ contient encore 86 280 litres d'eau. Quelle est la capacité de ce bassin ?

1420. On augmente un nombre de 10, et il se trouve ainsi multiplié par 1 $\frac{2}{7}$. Quel est ce nombre ?

1421. Si l'on me donnait 225 francs, j'aurais le triple et le quart de ce que je possède. Combien ai-je actuellement ?

1422. En tirant 25 litres $\frac{5}{7}$ d'un fût de bière, on en réduit le contenu à ses $\frac{3}{7}$. Combien ce fût renfermait-il de litres de bière ?

1423. Deux cordes étendues et mises bout à bout font une longueur totale de 385 mètres ; la longueur de l'une étant les $\frac{17}{18}$ de celle de l'autre, calculer la longueur de chaque corde.

1424. Les $\frac{3}{8}$ de ce possède Émile valent le double de ce possède Jules. Ce dernier ayant 48 francs, calculer ce que possède Emile.

1425. Les $\frac{4}{15}$ de ce possède Auguste valent les $\frac{3}{5}$ de ce possède Henri. Ce dernier ayant 100 francs, calculer ce que possède Auguste.

ADDITION, SOUSTRACTION, MULTIPLICATION ET DIVISION.

Exercices.

1426. $\left(37\frac{2}{9} + 4\frac{1}{5}\right) - \left(8\frac{2}{15} : \frac{2}{3}\right)$

1427. $\left(8\frac{3}{7} - 7\frac{1}{4}\right) \times \left(7 - \frac{3}{5}\right)$

1428. $\left(18\frac{4}{9} : \frac{2}{3}\right) : \left(5\frac{2}{3} - 2\right)$

1429. $\left(21 : \frac{3}{7}\right) \times \left(9 : \frac{3}{4}\right)$

1430. $\left(87 - 2\frac{8}{11}\right) : \left(\frac{3}{4} \times \frac{5}{7}\right)$

PROBLÈMES.

1431. Le $\frac{1}{5}$ + le $\frac{1}{9}$ d'un nombre valent 42. Quel est ce nombre?

1432. Les $\frac{2}{9}$ + les $\frac{4}{7}$ + les $\frac{2}{11}$ d'une somme font 4732 francs. Quelle est cette somme?

1433. Les $\frac{3}{7}$ diminués des $\frac{5}{12}$ d'un nombre valent 336. Quel est ce nombre?

1434. Charles et Julien se sont partagé un certain

nombre de cerises. Charles en a pris les $\frac{4}{9}$, et Julien a eu 25 cerises qui restaient. On demande le nombre des cerises partagées.

1435. Les $\frac{2}{3}$ des $\frac{4}{5}$ de ce que je possède valent 96 fr Combien ai-je ?

1436. Quel est le nombre qui a 7 de différence entre son $\frac{1}{4}$ et son $\frac{1}{5}$?

1437. Auguste et Georges ont travaillé ensemble au même ouvrage. Auguste en a fait les $\frac{2}{7}$ et Georges les $\frac{4}{9}$. Le 2ᵉ ayant reçu 40 francs de plus que le 1ᵉʳ, calculer ce qui était promis pour l'ouvrage entier.

1438. Émile a pris les $\frac{5}{14}$ d'une certaine quantité de noix ; Henri en a pris les $\frac{8}{19}$ et il se trouve qu'il a 17 noix de plus que son camarade. Combien chacun a-t-il de noix ?

1439. Paul n'a fait que les $\frac{8}{9}$ du travail de François et a reçu 6 francs de moins que lui. Combien François a-t-il gagné ?

1440. Une fontaine donne $\frac{3}{4}$ de litre par seconde ; une 2ᵉ n'en donne que $\frac{2}{5}$. Si les deux fontaines coulent ensemble, combien mettront-elles de temps pour emplir un réservoir de 7820 litres ?

1441. Une fontaine remplit en 1 heure les $\frac{2}{7}$ d'un bassin, un autre en remplit les $\frac{2}{9}$ dans le même temps. Si toutes deux coulent ensemble, en combien de temps le bassin sera-t-il rempli?

1442. Une fontaine pourrait remplir seule un bassin en 14 heures, une 2e le remplirait seule en 12 heures, et une 3e le remplirait seule en 15 heures. Si toutes trois alimentent ensemble ce bassin, en combien de temps sera-t-il rempli?

1443. Le total de deux fractions est $\dfrac{29}{35}$ et l'une surpasse l'autre de $\dfrac{1}{35}$. Quelles sont ces deux fractions?

1444. Le total de deux fractions est $18\dfrac{1}{4}$ et l'une surpasse l'autre des $\dfrac{3}{7}$. Quelles sont ces deux fractions?

1445. Trouver deux fractions dont la différence $\dfrac{2}{17}$ égale le tiers de la plus grande fraction.

1446. La différence de deux fractions est $\dfrac{4}{19}$, et cette différence vaut les $\dfrac{7}{9}$ de la plus grande. Quelles sont ces deux fractions?

1447. Auguste a reçu une certaine somme, et Charles, qui a reçu les $\dfrac{3}{11}$ de la même somme, se trouve posséder 32 francs de moins que son ami. Combien chacun a-t-il pour sa part?

1448. On a planté en ligne droite sur une longueur de $367^{\mathrm{m}}\dfrac{1}{5}$ des arbres distants de $3^{\mathrm{m}}\dfrac{2}{5}$. Trouver le nombre des arbres ainsi plantés.

1449. Partager 9 francs entre deux personnes de manière que l'une ait les $\dfrac{2}{7}$ de la part de l'autre.

1450. Diviser 65 noix en deux parts dont l'une soit égale aux $\frac{5}{8}$ de l'autre.

1451. Deux ouvriers ont travaillé à un ouvrage semblable. Le 1er a achevé le sien, mais le 2e n'a terminé que les $\frac{8}{9}$ de celui qui lui était confié. On leur donne 102 francs à se partager; quelle devra être la part de chacun ?

1452. Deux personnes achètent : l'une $4^{\text{m}} \frac{1}{5}$ et l'autre 3 mètres et demi d'une même étoffe. La 1re payant 7 francs de plus que la seconde, calculer le prix du mètre d'étoffe.

1453. Un marchand revend à 5 francs les 7 mètres une pièce de mousseline qui lui revenait à 8 francs les 13 mètres et gagne ainsi 9 francs. Quelle est la longueur de cette pièce de mousseline ?

1454. La somme de deux nombres est $9 \frac{1}{3}$ et l'un est égal au $\frac{1}{3}$ de l'autre. Trouver ces deux nombres.

1455. Le tiers d'un nombre, augmenté du quart et diminué du septième de ce nombre, vaut 333. Quel est ce nombre ?

1456. J'ai dépensé les $\frac{3}{14}$ de mon avoir, et il me reste 154 francs. Quelle somme possédais-je avant d'avoir fait cette dépense ?

1457. On a donné le $\frac{1}{4}$ d'une somme à une personne, les $\frac{2}{5}$ à une 2e personne et le reste à une 3e personne qui a reçu ainsi 84 francs. Dire la somme partagée et la part de chacune des deux premières personnes.

1458. On me présente de la soie qui vaut 38 francs les 7 mètres et de l'autre qui vaut 29 francs les 5 mètres. Combien devrai-je payer si j'en prends 12 mètres de chaque qualité ?

1459. J'achète 14 mètres de drap à 63 francs les 5 mètres et 18 mètres à 43 francs les 3 mètres. Combien gagnerai-je si je revends le tout 460 francs ?

1460. Une personne qui devait 7320 francs vient de donner un acompte des $\frac{5}{8}$ de cette somme et veut s'acquitter au moyen de 5 payements égaux. De combien devra être chaque payement ?

1461. Un décimètre cube de sucre pesant $\frac{3}{5}$ de kilogr. de plus qu'un décimètre cube d'eau, quelle est la quantité de sucre qui pèse un kilogramme ?

1462. Que devient le produit lorsqu'on multiplie le multiplicande par 5 et le multiplicateur par $2\frac{1}{4}$?

1463. Le produit de deux nombres est $27\frac{3}{8}$. Si l'on rend l'un des nombres 8 fois plus grand et l'autre 9 fois plus petit, quel sera le nouveau produit ?

1464. On a fait le produit de deux nombres, puis on a recommencé l'opération après avoir rendu l'un des deux 4 fois plus grand et l'autre 6 fois plus petit, et l'on a trouvé au produit $20\frac{4}{5}$. Quel était le premier produit obtenu ?

1465. 25 pains de savon pesant chacun $5^{kg}\frac{3}{4}$ sont vendus à raison de $1^{f}\frac{3}{5}$ le kilog. Quelle somme retirera-t-on de cette vente ?

1466. Dans une division, le diviseur est 5 et le quotient $14 \frac{1}{9}$. Quel est le dividende?

1467. Une personne achète une pièce de cognac à raison de 3 francs le litre; mais il se trouve qu'il s'en manque des $\frac{2}{57}$ que le fût ne contienne la quantité déclarée. Combien cette personne paye-t-elle effectivement le litre de cognac?

1468. Un particulier a du blé qui lui coûte 22 francs l'hectolitre. Il veut les revendre en gagnant les $\frac{2}{15}$ du prix d'achat. Quelle quantité doit-il en donner pour 22 francs?

1469. Trois personnes se sont partagé des prunes. La 1re en a eu 27 ; la 2e a eu les $\frac{2}{9}$ de la part de la 1re, et 15 prunes en plus ; la 3e a eu les $\frac{5}{7}$ de la part de la seconde et 7 prunes en plus. Dire la part des deux dernières personnes et le nombre des prunes partagées.

1470. Charles a reçu 42 francs; cette somme est égale aux $\frac{7}{8}$ de celle qu'a reçue Jules; et celle de Jules vaut les $\frac{6}{11}$ de celle qu'a reçue Auguste. Quelle est la part de chacun des deux derniers?

1471. Quatre enfants se partagent un héritage : le 1er prend 1500 francs ; le 2e prend les $\frac{5}{6}$ de cette somme et 50 francs en plus ; le 3e prend autant que les deux premiers ensemble moins 710 francs; le 4e prend une valeur égale aux $\frac{3}{5}$ de la part du 3e. Calculer les parts des 3 derniers et la valeur de l'héritage.

1472. Un ouvrier peut faire seul un ouvrage en 5 jours ; un autre peut le faire seul en 6 jours. Tous deux travaillant ensemble, en combien de jours l'ouvrage sera-t-il terminé ?

1473. Un travail est fait aux $\frac{5}{8}$. Pour l'achever, on occupe deux ouvriers dont l'un aurait pu le faire tout entier en 8 jours et l'autre en 9 jours. En combien de jours ces deux ouvriers travaillant ensemble achèveront-ils l'ouvrage ?

1474. Un marchand vend 3 pièces de velours d'égale longueur qui lui restaient en magasin. Il a gagné $\frac{3}{4}$ de franc par mètre sur la première, $\frac{4}{5}$ de franc par mètre sur la seconde, mais perd 1 franc $\frac{1}{10}$ par mètre sur la seconde et gagne ainsi 81 francs sur le tout. Calculer : 1° son bénéfice total sur la vente d'un mètre de chaque pièce ; 2° la longueur de chaque pièce ; 3° le nombre de mètres vendus.

1475. Une fontaine est alimentée par 2 robinets ; le 1er la remplirait seul en 4 heures, et le 2e en 6 heures ; mais une fuite pourrait la vider en 15 heures. Toutes ces causes agissant, en combien de temps la fontaine sera-t-elle remplie ? On ne tiendra pas compte de la *loi de Torricelli* pour la fuite dont l'écoulement n'est pas réellement uniforme).

1476. Trois amis se partagent un certain nombre de cerises : le 1er en prend les $\frac{2}{7}$, le second les $\frac{3}{11}$ et le 3e 34 cerises qui restent. On demande le nombre de cerises partagées et la part de chaque individu.

1477. Auguste, Victor, Paul et Lucien ont à eux trois 132 billes. Auguste a le $\frac{1}{6}$ de ce nombre, plus 2 billes ;

Victor a les $\frac{3}{2}$ de la part d'Auguste et une bille en plus ;

Paul a les $\frac{51}{37}$ de la part de Victor, et Lucien a le tiers de la part de Paul, plus 3 billes. Dire combien chacun a de billes.

1478. Eugène, Gustave et Frédéric ont gagné ensemble un certain nombre de bons points. Eugène a les $\frac{3}{8}$ de ce nombre, Gustave a une part égale aux $\frac{8}{9}$ de celle d'Eugène, et Frédéric a le reste, soit 21 bons points. Dire le nombre total des bons points gagnés, et la part de chaque enfant.

1479. Une personne après avoir dépensé les $\frac{5}{12}$ puis les $\frac{3}{11}$ de sa fortune, fait un gain de 22600 francs et trouve ainsi cette fortune primitive augmentée de son $\frac{1}{6}$. A combien s'élevait-elle ?

1480. Paul, Julien et André possèdent ensemble 171 fr. Trois fois la part de Paul valent 4 fois celle de Julien, et 5 fois celle de Julien valent 6 fois celle d'André. Trouver la part de chacun.

CONVERSION DES FRACTIONS ORDINAIRES EN FRACTIONS DÉCIMALES.

Exercices.

1481. Convertir en fractions décimales les fractions ordinaires et les expressions fractionnaires suivantes :

1er *groupe.* $\frac{3}{5}$; $\frac{8}{10}$; $\frac{1}{25}$; $\frac{21}{70}$; $\frac{7}{100}$.

2ᵉ *groupe.* $\dfrac{1}{2}$; $\dfrac{1}{4}$; $\dfrac{2}{25}$; $\dfrac{1}{50}$; $\dfrac{3}{4}$.

3ᵉ *groupe.* $\dfrac{9}{20}$; $\dfrac{18}{25}$; $\dfrac{19}{50}$; $\dfrac{19}{125}$; $\dfrac{169}{200}$.

4ᵉ *groupe.* $\dfrac{3}{8}$; $\dfrac{5}{37}$; $\dfrac{85}{170}$; $\dfrac{19}{55}$; $\dfrac{58}{83}$.

5ᵉ *groupe.* $\dfrac{3 \times 7 \times 15}{5 \times 9 \times 6}$; $\dfrac{8 \times 12 \times 28}{40 \times 7 \times 3}$.

1482. Convertir en fractions ordinaires les fractions décimales 0,54 — 0,365 — 0,414 — 0,30, et réduire les fractions obtenues à leur plus simple expression. (*Aspirants au brevet de capacité. Paris.*)

1483. Que valent en centimètres les $\dfrac{3}{7}$ d'un mètre?— les $\dfrac{5}{8}$ de 6 mètres? — les $\dfrac{15}{26}$ des $\dfrac{2}{9}$ de 100 mètres?

1484. On a partagé 9 francs entre trois personnes : la première en a eu les $\dfrac{5}{12}$; la seconde la moitié, et la troisième le reste. Dire en francs et centimes la part de chaque personne.

1485. Une personne possédait 876 francs; elle en a dépensé successivement les $\dfrac{2}{5}$, les $\dfrac{3}{8}$ et le $\dfrac{1}{12}$. Combien doit-il lui rester?

1486. Je me suis acquitté des $\dfrac{9}{10}$ d'une dette au moyen de six payements égaux; quelle fraction *décimale* de la dette représentait chaque payement?

1487. Le rapport du diamètre à la circonférence est d'environ $\dfrac{22}{7}$. Exprimer ce rapport par un nombre dont la partie fractionnaire décimale ait trois chiffres au moins.

1488. Que coûtent huit douzaines de chemises à $5^{\text{fr}} \frac{4}{5}$ la pièce ?

1489. Lorsqu'il faut 6 mètres d'étoffe pour faire huit tabliers, combien peut-on confectionner de ces tabliers avec 42 mètres d'étoffe ?

1490. Que reste-t-il d'une somme de 7440 francs, dont on a pris successivement les $\frac{2}{5}$ et le $\frac{1}{4}$, et dont on a remis les $\frac{3}{8}$?

MAI.

Règle de trois. Règle d'intérêt simple. Exercices d'application.

RÈGLE DE TROIS.

1491. Calculer les expressions suivantes :

1er *groupe.* Francs $\dfrac{84 \times 15}{12}$; mètres $75 \times \dfrac{7}{12}$.

2e *groupe.* Litres $\dfrac{90 \times 65 \times 7}{8 \times 15 \times 3}$; grammes $56 \times \dfrac{3}{16} \times \dfrac{6}{7}$.

3e *groupe.* Francs $\dfrac{4 \times 10 \times 27}{12 \times 36 \times 80}$; litres $3 : \dfrac{4}{5} : \dfrac{9}{12} \times \dfrac{5}{8}$.

1492. Un certain nombre de mètres de drap ont été

payés 84 francs. Que valent les $\dfrac{5}{7}$ de ce nombre de mètres?

1493. J'avais demandé une pièce de vin de 230 litres; on m'en a envoyé une qui ne [contient que les $\dfrac{219}{230}$ de cette quantité. Combien ai-je reçu de litres de vin?

1494. Lorsqu'un tas de blé vaut 960 francs, que payerait-on pour en acquérir les $\dfrac{10}{12}$ $\left(\text{ou les } \dfrac{5}{6}\right)$?

1495. Un ouvrier a gagné 63 francs en un certain nombre de jours. Combien aurait-il gagné s'il n'avait travaillé que les $\dfrac{5}{9}$ de ce temps?

1496. Lorsqu'on paye 96 francs pour 8 mètres de drap, combien valent 7 mètres, qui sont les $\dfrac{7}{8}$ de 8 mètres?

1497. Un ouvrier a reçu 90 francs pour 15 journées de travail; combien aurait-il gagné s'il avait travaillé 9 jours seulement?

1498. Une ouvrière gagne 19ʳ,50 dans une semaine de 6 jours de travail. Combien peut-elle gagner en 5 jours? En dix jours?

1499. 16 mesures de blé étant payées 272 francs, que vaudraient 11 mesures du même blé?

1500. Un train parcourt 141 kilomètres en 3 heures. Quelle distance parcourt-il en 12 heures?

1501. Dans un pensionnat on donne par jour 4 litres de vin pour 9 élèves. Combien de litres de vin consomme-t-on par jour dans cette maison qui reçoit 243 pensionnaires?

1502. 12 sacs de haricots pèsent ensemble 186 kilogr. Que pèseraient ensemble 18 sacs semblables?

1503. Une troupe de 15 ouvriers a creusé en un certain temps, un fossé de 210 mètres cubes. Combien de mètres cubes auraient été creusés dans le même temps, si la troupe n'eût été composée que de 14 ouvriers?

1504. Un ouvrier a reçu 3^f,25 pour 5 heures de travail. Combien gagne-t-il par journée de 11 heures de travail?

1505. 3^{kilog},4 d'huile valant 8^f,50, quel serait le prix de 9^{kilog},6?

1506. 12^m,25 de mousseline étant payés 9^f,80, quel serait le prix de 18^m,50?

1507. $\frac{1}{2}$ mètre de velours valant 4 francs, combien doit-on payer pour 8 mètres?

1508. Une roue fait 16 tours en $\frac{3}{4}$ de minute; combien fait-elle de tours en 15 minutes?

1509. Un baril d'encre de 27 litres est vendu à raison de 0^f,35 le flacon de 0^{litre},3. Quelle somme totale retirera-t-on de la vente des 27 litres?

1510. Deux personnes achètent de la soie : la 1re en prend 14 mètres et paye 101^f,50. Que devra payer la seconde qui en prend 17^m,50?

1511. Un coupon de drap de 8^m,4 prélevé sur une pièce de 52 mètres, a été payé 107^f,10. Quelle était la valeur de la pièce entière?

1512. Un ouvrier, dont l'activité peut être représentée par 4, a fait 15 mètres d'un certain travail. Combien de mètres aurait achevé dans le même temps un autre ouvrier dont l'activité pourrait être représentée par 5?

1513. Une lampe brûle pour 0^f,12 d'huile en $\frac{5}{6}$ d'heure. Quelle est la dépense pour 4 heures de veillée?

1514. 4 douzaines de chemises ont été payées 312 francs. A combien reviendraient 9 douzaines des mêmes chemises?

1515. Un marchand, en 1 heure, fabrique 90 gaufres avec 5 fers. Combien pourrait-il faire de gaufres dans le même temps s'il avait 1 fer de plus ?

1516. Un ouvrier en travaillant 14 heures a fait 120 mètres d'ouvrage. Combien aurait pu faire de mètres un autre ouvrier de même activité que le précédent et qui aurait travaillé pendant 5 journées de 12 heures chacune ?

1517. 3 caisses de savon de chacune 27 kilogr, ont été payées ensemble 117^f,45. 1° Que coûteraient 3 caisses de chacune 30 kilogr? 2° Que coûteraient 5 caisses de chacune 30 kilogr ?

1518. En 12 jours et en 10 heures par jour un ouvrier a fait 80 mètres d'ouvrage. Combien aurait-il pu faire de mètres du même travail en 14 journées de chacune 9 heures ?

1519. 8 piles de chacune 75 fagots revenant ensemble à 210 francs, que vaudraient 11 piles de chacune 80 de ces fagots ?

1520. 9 ouvriers, travaillant 8 heures par jour, ont creusé en 10 jours un fossé de 80 mètres de long sur 6 mètres de large et 4 mètres de profondeur. Cinq de ces ouvriers ont ensuite passé 6 journées de 10 heures chacune pour creuser un autre fossé dont la largeur était 5 mètres, et la profondeur 3 mètres. Quelle était la longueur de ce second fossé ?

1521. 8 ouvriers travaillant 20 jours, et 10 heures par jour, ont reçu 420 francs ; que devrait-on à 5 ouvriers qui aurait travaillé 25 jours et 8 heures par jour?

1522. Une fermière vend au marché 84 œufs à 1^f,10 la douzaine, et 29 kilogr. de beurre à 14^f,40 la motte de 8 kilogr. Quelle somme totale retire-t-elle de cette vente ?

1523. 25 kilogr. de blé donnant 21 kilogr. de farine, calculer à raison de 24^f,5 les 100 kilogr, la valeur de la farine fournie par 28 sacs de blé de chacun 135 kilogr.

1524. J'ai vendu 95 bouteilles de vin contenant chacune $0^{litre},75$; à raison de 225 francs la pièce de 228 litres. On demande : 1° le prix du litre; 2° le prix des 95 bouteilles.

1525. Un rouleau de papier de 20 mètres de long et $\frac{3}{4}$ de mètre de large a été payé $2^f,50$. Quelle serait la valeur d'un rouleau de papier de même qualité ayant 25 mètres de long et $\frac{2}{3}$ de mètre de large ?

1526. Pour 7 journées $\frac{1}{2}$ de chacune 7 heures $\frac{1}{4}$ de travail, 10 ouvriers ont reçu $217^f,50$. Combien doit-on à 8 ouvriers de même activité que les précédents pour 9 journées $\frac{1}{3}$ de chacune 10 heures $\frac{1}{2}$?

1527. Une famille composée de 4 personnes consomme 4 kg. et demi de pain en deux jours et demi. Combien consommera-t-elle de pains de 2 kg. par semaine si elle s'augmente d'une personne ?

Règle de trois inverse.

1528. Un certain nombre d'ouvriers ont mis 12 jours pour terminer un travail. En combien de jours ce travail eût-il été achevé si l'on n'avait occupé que les $\frac{3}{4}$ de ce nombre ?

1529. Un ouvrier a employé 18 jours pour faire un travail. Combien lui aurait-il fallu de jours *de plus* pour l'achever s'il n'avait travaillé chaque jour que les $\frac{6}{7}$ du nombre d'heures qu'il s'y est occupé ?

1530. Un marchand fabrique sur 3 réchauds un certain nombre de crêpes par heure. En combien de temps fabriquerait-il le même nombre de crêpes s'il avait un réchaud de plus ?

1531. Un ouvrier dont l'activité peut être représentée par 5 a travaillé 9 heures pour terminer un ouvrage. Combien de temps eût employé pour exécuter le même travail un apprenti dont l'activité est représentée par 3 ?

1532. On confie à un ouvrier un travail qu'il se charge d'exécuter en 8 jours. Si on lui adjoint un second ouvrier dont l'activité soit les $\frac{5}{6}$ de la sienne, en combien de temps l'ouvrage sera-t-il achevé ?

1533. Il faut 40 petits rectangles de chacun 2 centimètres sur 0^{cm},8 pour couvrir une certaine surface. Combien, pour couvrir la même surface, faudrait-il de rectangles de 1^{cm},6 sur 0^{cm},8 ?

1534. Un ouvrier entreprend un ouvrage avec une activité qui lui permettra de la terminer en 10 jours. Mais à partir du 4e jour, désirant terminer plus promptement l'ouvrage, il travaille avec une activité égale aux $\frac{7}{5}$ de la précédente. On demande combien de jours il aura employés pour exécuter l'ouvrage entier.

1535. Lorsqu'on emploie des rouleaux de papier de tenture de 18 mètres de long et de 0^{m},60 de large, il faut 15 de ces rouleaux pour tapisser un appartement. Combien, pour le même appartement, faudrait-il de rouleaux de chacun 20 mètres de long et 0^{m},50 de large ?

1536. 9 ouvriers ont employé 7 journées pour faire un travail. Combien 11 ouvriers de même activité auraient-ils employé de journées pour faire le même travail ?

1537. Une troupe de 15 ouvriers a exécuté un travail

en 12 jours. Combien auraient employé de jours, pour le même travail, 10 ouvriers dont l'activité n'eût été que les $\frac{6}{7}$ de celle des précédents ?

1538. Un vaisseau doit faire une traversée de 40 jours, et la ration d'eau-de-vie est de 15 centilitres par jour et par homme. Au bout de 22 jours de traversée on s'aperçoit que le voyage durera 8 jours de plus qu'on n'avait pensé. De combien doit-on diminuer la ration journalière d'eau-de-vie pour chaque homme ?

1539. 8 ouvriers, travaillant 10 heures par jour, ont fait en 15 jours 400 mètres d'ouvrage. En combien de jours 9 ouvriers, travaillant 12 heures par jour, feraient-ils la même quantité d'ouvrage ?

1540. Combien 7 ouvriers devraient-ils travailler d'heures par jour pour faire en 12 jours 250 mètres d'ouvrage, sachant que 9 ouvriers ont fait en 14 journées de 11 heures 528 mètres de même ouvrage ?

1540 *bis.* 10 ouvriers travaillant 12 heures par jour ont fait en 8 jours 260 grosses de boutons. Combien 6 ouvriers dont l'activité serait les $\frac{8}{9}$ de celle des précédents emploieront-ils de journées de 10 heures de travail pour faire 50 grosses des mêmes boutons ?

RÈGLE D'INTÉRÊT.

Recherche de l'intérêt.

1541. *Cent* francs rapportant 5 francs d'intérêt par an, quel est l'intérêt annuel de 4 *cents* francs ?

1542. Calculer l'*intérêt annuel*, ou la *rente*, de 2600 fr. à 4 %.

1543. Quel est l'intérêt annuel de 1800 francs à 6 %?

1544. Quel est la rente d'un capital de 2450 francs à 3 %?

1545. Calculer l'intérêt annuel d'une somme 3875 fr. placée à 5 %.

1546. Trouver l'intérêt annuel de 380^f,50 à 3 %.

1547. Quel serait l'intérêt annuel rapporté par un capital de 5400 francs placé à 4,75 %?

1548. Quelle rente procurerait une somme de 4380^f,50 placée à 3,25 %?

1549. Calculer l'intérêt de 600 francs à 5 % : 1° pendant un un ; 2° pendant 4 ans.

1550. Quel est l'intérêt rapporté par un capital de 7850 francs placé à 4 % : 1° en un an; 2° en un mois; 3° en 7 mois.

1551. Trouver l'intérêt de 6300 francs à 4 % pendant 8 mois.

1552. Calculer l'intérêt rapporté en 18 mois par une somme de 5480 francs placée à 5 %.

1553. Quel serait l'intérêt d'une somme de 385^f,50 placée à 6 % pendant 3 ans et demi?

1554. Calculer l'intérêt rapporté: 1° en un an; 2° en un jour ; 3° en 80 jours; par une somme de 9000 francs placée à 4,5 %. (L'année commerciale compte pour 360 jours.)

1555. Trouver l'intérêt rapporté en 2 mois 10 jours par une somme de 3500 francs placée à 5,25 %. (Tous les mois sont comptés pour 30 jours.)

1556. Une personne emprunte le 1er janvier une somme de 6000 francs qu'elle devra rendre le 15 mars en payant un intérêt de 5 %. A combien s'élèvera cet intérêt?

1557. Calculer l'intérêt de 5385 francs à 6 % pour 1 an 3 mois 10 jours.

1558. Une personne emprunte à une autre 15 000 fr. qu'elle s'engage à lui rendre au bout de 3 mois et en payant un intérêt de 5 %. Mais ce taux sera élevé à 8 % à partir du délai fixé, si le capital n'est pas remboursé à cette époque. Quel total d'intérêts payera l'emprunteur s'il ne s'acquitte de sa dette que 8 mois après le jour de l'emprunt?

1559. Un particulier qui possède une fortune de 25 000 francs, place les $\frac{3}{5}$ de cette somme à 4 % et le reste à 5 %. Quelle rente annuelle ces deux placements lui assurent-ils?

1560. Une personne charitable partage chaque année, également entre 25 familles pauvres, la moitié de la rente totale que lui procure son capital de 30 000 francs dont les $\frac{3}{8}$ sont placés à 5 % et le reste à 4,5 %. Quelle somme reçoit chaque famille?

1561. Un épicier achète 85 caisses de bougies de chacune 18 kilog. à raison de 2f,05 le kilog. et a 3 mois pour payer. A cette époque il ne peut donner qu'un acompte de 1800 francs, et paye le reste 4 mois plus tard en payant un intérêt de 6 %, calculé à partir du premier versement. A combien s'élèvera cet intérêt?

1562. Un cultivateur vend 17 hectol. de blé à raison de 21f,50 l'hectol.; place à 5 % le produit de cette vente et retire le tout, capital et intérêt compris, au bout d'un an. Quelle somme reçoit-il?

1563. Que vaut 1º au bout d'un an; 2º au bout de 4 ans une somme de 100 francs placée à 6 %?

1564. Que vaudra au bout de 3 ans, capital et intérêt réunis, une somme de 7800 francs placée à 4,5 %?

1565. Un agriculteur achète à raison de 70 francs l'are un terrain de 4 ares et demi, et ne paye qu'au bout de 8 mois, capital et intérêt calculé à 6 % par an. Quelle somme totale doit-il verser?

1566. Que devient en 4 ans 1 mois 15 jours une somme de 8340 francs placée à 3,25 %?

1567. Que vaudra dans 3 ans 20 jours une somme de 7400 francs dont les $\frac{3}{5}$ sont placés à 5,4 % et le reste à 4,8 %.

Recherche du capital

1568. Quel est le capital qui placé à 5 %, rapporte 10 francs de rente?

1569. Quel capital faut-il placer à 4 % pour avoir 120 francs de rente?

1570. Une somme placée à 3,5 % rapporte 420 francs de rente. Quelle est cette somme?

1571. Quelle est la somme qui, placée à 5 %, rapporte 120 francs d'intérêt en 2 ans?

1572. Quelle somme faut-il placer à 4 % pour avoir 648 francs d'intérêt en 3 ans?

1573. Un capital placé à 6 % rapporte 42^f,50 d'intérêt par mois. Quel est ce capital?

1574. Quelle est la somme qui, placée à 3 %, rapporte 68^f,50 d'intérêt en 5 mois?

1575. Une personne qui avait emprunté une certaine somme la rend au bout de 4 mois et paye 65 francs d'intérêt calculé à 5 % l'an. Quelle somme avait empruntée cette personne?

1576. Un particulier place à 3,5 % les $\frac{7}{8}$ de sa fortune et touche ainsi 1296^f,05 de rente *trimestrielle*. A combien s'élève cette fortune?

1577. Quel capital faudrait-il placer à 4,5 % pour avoir 2000 francs d'intérêt en 3 ans et demi?

1578. Un capital placé à 4,25 % a produit 287^f,50 d'intérêt en 4 mois 10 jours. Quel est ce capital?

1579. Le revenu brut d'une maison, évalué à 8 % de sa valeur, est 6048 francs. Trouver la valeur de cette maison.

1580. Quel est le capital qui, placé à 3,5 %, rapporte en 4 ans 7 mois 10 jours 13 556^f,66 d'intérêt?

1581. Quel capital faudrait-il placer, moitié à 5 %, moitié à 4 %, pour avoir 450 francs de rente?

1582. Quelle est la somme qui, placée moitié à 4,25 et moitié à 6,20 %, donne 4500 francs d'intérêt en 1 an et demi?

1583. Un particulier a placé sa fortune de la manière suivante : $\frac{1}{3}$ à 6 %, $\frac{1}{3}$ à 5 % et le reste à 4,6 %. Il touche une rente trimestrielle totale de 780 francs. A combien s'élève sa fortune ?

1584. Puisque 1 franc placé à 5 % vaut au bout d'un an 1^f,05, calculer la somme qu'il faudrait placer à 5 % pour toucher un an après 735 francs, capital et intérêt compris ?

1585. Quelle est la somme qui, placée à 5 %, devient en 2 ans 4180 francs?

1586. J'avais placé une certaine somme au taux de 3,5 %. Un an et demi après j'ai retiré 673^f,60, capital et intérêt compris. Quelle somme avais-je placée?

1587. Quelle est la somme qui, placée à 4 %, devient en 8 mois 9548 francs ?

1588. Une personne avait emprunté une certaine somme en consentant à payer au prêteur un intérêt calculé à 6 % par an. Au bout de 1 an 4 mois, cette personne s'acquitta de sa dette en donnant un total de 9720 francs. Quelle somme avait elle empruntée?

1589. Un marchand avait acheté 12^{hect},5 d'eau-de-vie, avec faculté de ne payer que dans 3 mois. Passé ce délai, il devait ajouter au prix d'achat l'intérêt calculé à 5 % par an. Il ne s'est acquitté de cette dette que 140 jours après l'achat et a payé un total de 226^f,55. Quel était le prix de l'hectolitre d'eau-de-vie?

1590. J'avais placé une somme à 3,75 %; 3 ans 4 mois et 15 jours après, on m'a donné 17 620 francs pour le capital et les intérêts. Quelle somme avais-je placée?

1591. Une personne avait placé une certaine somme à 5 %. Deux ans plus tard, elle retire la moitié de cette somme plus les intérêts des deux années écoulées, et reçoit ainsi 2200 francs. Quelle somme avait placée cette personne?

1592. Les $\frac{4}{5}$ d'une somme, placés à 3^f,75 %, rapportent 1125 francs d'intérêt en 9 mois. Quelle est cette somme?

1593. Quelle est la somme qui, placée à 6 %, rapporte 80 francs de rente de plus que si elle était placée à 5^f,50 %?

1594. Une personne a placé les $\frac{3}{8}$ de sa fortune à 4 % et le reste à 3 %. Elle touche ainsi 2160 francs de rente. Quelle est la fortune de cette personne?

1595. Une personne a placé sa fortune, qui s'élève à 81 000 francs, partie à 4 %, partie à 5 %, et les deux parties lui rapportent la même rente. Quelle est la valeur de la partie placée à chacun des deux taux?

1595 *bis*. Une somme de 50 000 francs, placée partie à 4 % et partie à 5 %, donne 2300 francs de rente. Quelle est la valeur de la partie placée à chacun des deux taux?

Recherche du temps.

1596. En combien de temps 100 francs, à 5 %, rapportent-ils 15 francs d'intérêt?

1597. Combien de temps un capital de 700 francs

doit-il rester placé à 4 % pour rapporter 112 francs d'intérêt?

1598. Une somme de 8500 francs, placée à 6 %, a rapporté 1020 francs d'intérêt. Combien de temps est-elle restée placée?

1599. En combien de mois 100 francs à 6 % rapportent-ils 5 francs d'intérêt?

1600. Combien de mois doit rester placé à 5 % un capital de 7200 francs pour rapporter 210 francs d'intérêt?

1601. Un capital de 8460 francs, placé à 4,5 %, a rapporté 317^f,25 d'intérêt. Combien de mois est-il resté placé?

1602. En combien de jours 100 francs, placés à 3^f,6 %, rapportent-ils 0^f,80?

1603. Quelle est la durée du placement à 4 % d'une somme de 9450 francs qui a rapporté 183^f,75 d'intérêt?

1604. Un ouvrier avait placé 700 francs à 3,5 %. Lorsqu'il les a retirés, il a reçu une somme totale de 712^f,90 pour le capital et les intérêts. Combien de temps les a-t-il laissés placés?

1605. Une somme de 27 645 francs, placée à 3^f,75 %, a rapporté 6452 francs d'intérêt. Combien de temps est-elle restée placée?

1606. Une personne a prêté à un commerçant une somme de 75 600 francs, moyennant un intérêt de 8 % par an. Combien de temps le commerçant a-t-il gardé cette somme, sachant que, pour s'acquitter, il a dû payer 87 000 francs pour le capital et les intérêts?

1607. En combien de temps un capital placé à 5 % est-il doublé?

1608. Combien faut-il de temps pour qu'un capital, placé à 3,2 %, soit triplé?

1609. En combien de temps un capital, placé à 4 %, augmente-t-il de la moitié de sa valeur?

1610. En combien de temps 174^f,50, placés à 5,20 %, rapportent-ils 28^f,35 d'intérêt?

1611. Un marchand de couleurs avait acheté 25 bidons de vernis de chacun 15 kilogr., à raison de 2^f,25 le kilogr., qu'il devait payer dans 3 mois. N'ayant pu s'acquitter à l'époque fixée, il a dû payer, pour le prix d'achat et les intérêts à 5 %, à partir de l'échéance, une somme totale de 900 francs. Combien de jours après l'achat a-t-il payé sa facture?

Recherche du taux.

1612. A quel taux faut-il placer 100 francs pour avoir 15 francs d'intérêt en 3 ans?

1613. A quel taux a été placée une somme de 800 fr. qui a rapporté 192 francs d'intérêt en 6 ans?

1614. Un capital de 7800 francs a rapporté 819 francs en 3 ans, à quel taux était-il placé?

1615. A quel taux faudrait-il placer 27 450 francs pour avoir 8235 francs d'intérêt en 5 ans?

1616. Une maison, évaluée 37 000 francs, rapporte 4700 francs de bénéfice annuel. Quel est le taux de ce bénéfice?

1617. Un cultivateur a un terrain qu'il a payé 3700 francs, pour la culture duquel il dépense annuellement 850 francs en moyenne, et qui lui fournit une récolte évaluée 1200 francs. A quel taux place-t-il en réalité son capital de 3700 francs?

1618. A quel taux faut-il placer 745 francs pour avoir en 1 mois 2^f,10 d'intérêt?

1619. Une somme de 879^f,25 a rapporté 25 francs d'intérêt en 6 mois. A quel taux est-elle placée?

1620. A quel taux doit être placée une somme de 47 320 francs pour rapporter en 8 mois 1250 francs d'intérêt?

1621. Une somme de 3745 francs a rapporté en 230 jours 180 francs d'intérêt. A quel taux avait été fait le placement?

1622. A quel taux était placé un capital de 7430 francs, qui a rapporté 1140 francs d'intérêt en 3 ans et 7 mois?

1623. Une somme de 432^f,25 a rapporté 25 francs d'intérêt du 1er mars 1874 au 15 juin 1875. A quel taux était-elle placée?

1624. Un capital a augmenté son *cinquième* en 4 ans. A quel taux était-il placé?

1625. A quel taux faut-il placer une somme pour qu'elle soit doublée en 25 ans?

1626. Un capital a été triplé en 44 ans 5 mois 10 jours. A quel taux l'avait-on placé?

1627. A quel taux faut-il placer un capital de 820 francs pour qu'il vaille 902 francs au bout de 2 ans?

1628. Un capital de 7500 francs, engagé dans une affaire commerciale, valait au bout de 3 ans 9600 francs. Quel était le taux du placement?

1629. A quel taux faudrait-il placer un capital pour qu'il fût doublé au bout de 15 ans et 7 mois?

1630. Un capital, placé à 5 %, a rapporté en 5 ans 138 francs d'intérêt. A quel taux faudrait-il le placer pour qu'il rapportât 27 francs de plus d'intérêt dans le même temps?

JUIN.

RÈGLES D'ESCOMPTE ET DE SOCIÉTÉ.

Règle d'escompte.

1631. Que vaut aujourd'hui un billet de 100 francs payable dans un an et escompté à 5 %?

1632. Quelle est la valeur actuelle d'un billet de 400 francs payable dans un an, l'escompte étant à 6 %?

1633. Si je faisais escompter à 4 % un billet de 800 francs payable dans 2 ans, quelle somme recevrais-je?

1634. Un particulier présente à un banquier un billet de 3400 francs payable dans 8 mois. Quelle somme versera le banquier, l'escompte étant au taux de 5 %?

1635. Un banquier escompte le 1er juin un billet de 7500 francs payable le 1er septembre. Le taux étant 5%, calculer la somme que donnera le banquier.

1636. Un marchand reçoit en payement un billet portant la valeur de 25 pièces de vin à 80 francs et payable dans 3 mois. Ayant besoin d'argent, il le fait escompter immédiatement à 5 %. Quelle somme recevra-t-il?

1637. Un commerçant a un billet de 545 francs payable dans 5 mois. Quelle somme lui en donnerait un banquier qui l'escompterait à 6 %?

1638. J'ai vendu un terrain de 18 A,5 à raison de 180 francs l'Are. L'acheteur m'a donné 2500 francs comptant et m'a souscrit pour le reste un billet payable dans 6 mois. Si je fais escompter aujourd'hui ce billet au taux de 5 %, quelle somme me donnera-t-on?

1639. Un marchand avait acheté pour 1500 francs de marchandises ; le vendeur lui avait accordé un an de crédit, consentant à lui faire un rabais calculé à 6 %, au cas où il anticiperait son payement. Le marchand pouvant s'acquitter 6 mois après l'achat, quelle somme a-t-il à verser?

1640. Une personne a deux billets, l'un de 450 francs payable dans un an, l'autre de 800 francs payable dans 8 mois. Elle les fait escompter à 5 %, quelle somme totale recevra-t-elle ?

1641. Un commerçant fait des affaires avec deux clients qui lui donnent en payement : le 1er, un billet de 950 francs payable dans 3 mois, l'autre, un billet de 700 francs payable dans 140 jours. Le commerçant fait escompter ces deux billets à 5 %. Quelle somme lui verse le banquier?

1641 bis. Un commerçant fait escompter au taux de 6 % un billet de 750 francs payable dans 8 mois. Le banquier retient, outre l'escompte, un droit de commission égal à 1/2 % du capital (sans considération de temps). Quelle somme donnera-t-il?

1642. J'achète pour 650 francs de marchandises et je donne en payement une certaine somme en espèces, et un billet de 900 francs payable dans 9 mois. Quelle somme en espèces dois-je donner, le billet n'étant compté que pour sa valeur actuelle? (Escompte 5 %).

1643. Pour m'acquitter d'une dette de 7000 francs j'ai donné une certaine somme en espèces et 2 billets, l'un de 3400 francs payable dans 7 mois, l'autre de 2800 francs payable dans 7 mois. Quelle somme en espèces ai-je versé? (Escompte 5 %).

1644. Je me suis acquitté du prix de 12 hectolitres de blé en donnant 750 francs en espèces et deux billets à ordre : l'un de 845 francs payable dans 5 mois, l'autre de 500 francs payable dans 10 mois. Combien

avais-je payé l'hectolitre de blé? (Escompte calculé à
5 %).

1645. J'avais acheté pour 9000 francs de marchandises, j'avais donné 5000 francs comptant et souscrit pour le reste un billet payable dans 9 mois. J'ai payé ce billet 50 jours après la souscription, et le marchand m'a fait un escompte calculé à 6 %. Quelle somme totale ce marchand a-t-il reçue de moi pour l'achat que j'avais fait?

1646. Un billet payable dans un an a été escompté à 5 % pour une somme de 285 francs. Quelle était la valeur nominale de ce billet?

1647. Un billet payable le 15 avril a été présenté le 1er février à un banquier qui l'a escompté à 5 % et en a donné 940^f,10. Quelle valeur portait ce billet ?

1648. Un banquier a escompté à 6 % le 15 juin un billet payable le 15 octobre suivant et en a donné 553^f,70 Quelle était la valeur nominale de ce billet?

1649. Un banquier escomptant à 5 % un billet payable dans un an en donnerait 1410^f,75. Un autre banquier l'escomptant à 6 % en donnerait 1395^f,90. Quelle est la valeur nominale de ce billet ?

1650. J'ai vendu, à un particulier qui m'a souscrit un billet payable dans 4 mois, un champ de 650 mètres carrés. Un mois après j'ai présenté ce billet à un banquier qui me l'a escompté à 5 % et m'en a donné 4868^f,90. Combien ai-je vendu le mètre carré de terrain?

1651. Un billet payable le 10 octobre a été escompté le 10 mars à raison de 0,6 % par mois, et payé 6227 francs. Quel était le montant de ce billet ?

1652. Un billet de 700 francs a été escompté à 5 % pour une somme de 686 francs. Combien de temps avant l'échéance a-t-il été escompté ?

1653. J'ai présenté le 1er mai à un banquier qui me l'a escompté à 5 % un billet de 3700 francs et il m'en a donné 3607^f,50. Quelle était la date de l'échéance de ce billet ?

1654. Une personne doit 8000 francs à un commerçant qui consent à faire un escompte 6 $^o/_o$ si le payement est anticipé. De combien de temps cette personne devra-t-elle avancer son payement pour ne donner que 7800 francs ?

1655. Un particulier a souscrit un billet de 14 500 francs payable dans 2 ans ; l'entrepreneur à qui il doit le payer offre de lui escompter à 5 $^o/_o$. De combien de temps le particulier devra-t-il avancer son payement pour ne donner que 14 000 francs ?

1656. Deux billets, l'un de 8600 francs, payable dans 6 mois 10 jours, escompté à 6 pour cent, l'autre de 8400 francs, payable à une autre époque, escompté à 4,50 pour cent, ont aujourd'hui la même valeur. Combien y a-t-il de temps jusqu'à l'échéance du second billet ?

1657. Un billet de 300 francs, payable dans un an, vient de m'être escompté pour 285 francs. Quel a été le taux de l'escompte ?

1658. Un banquier m'a donné 388 francs d'un billet de 400 francs payable dans 6 mois. A quel taux me l'a-t-il escompté ?

1659. A quel taux doit être escompté un billet de 820 francs payable dans 3 ans pour que sa valeur actuelle ne soit que de 709^f,30 ?

1660. Une personne achète à une autre pour 200 francs un billet de 215 francs payable dans 18 mois. A quel taux a été fait l'escompte ?

1661. Une personne fait escompter par un banquier un billet de 400 francs qu'on lui a souscrit il y a 3 mois, et reçoit 5 francs de moins que si elle avait présenté ce billet le jour où elle l'a reçu. A quel taux a été fait l'escompte ?

1662. Deux personnes présentent ensemble à un banquier chacune un billet de 800 francs, l'un est payable dans 1 an, l'autre dans 8 mois. La 1re reçoit 16 francs de moins que la seconde. A quel taux les deux billets ont-ils été escomptés ?

1663. Un banquier m'a escompté aujourd'hui un billet de 9000 francs payable dans 25 jours, et ne m'a donné que 8962^f,50. A quel taux était l'escompte?

1664. J'ai présenté à un banquier un billet de 4800 francs payable dans 7 mois et qu'il m'a escompté en me retenant en outre un droit de commission égal à 1/2 pour cent du capital. De cette façon, je n'ai reçu que 4636 francs. Quel était le taux de l'escompte?

1665. Un propriétaire a livré à un marchand de vin 24 pièces de vin de chacune 2 hectolitres, 25 à raison de 28 francs l'hectolitre et lui accorde un délai de 3 mois pour le payement. Le marchand désirant obtenir un escompte paye comptant, et ne verse ainsi que 1500^f,65. Quel escompte lui a-t-on fait?

Partage proportionnel.

1666. Diviser 27 en 3 parties égales, et donner une part à Léon et les deux autres à Georges.

1667. Diviser 84 prunes en 7 parties égales et donner 3 parts à Gustave et 4 parts à Lucien.

1668. Une personne qui avait 42 cerises les a divisées en 8 parts égales et a donné 2 parts à Léon, 5 parts à André et 1 part à Gaston. Combien chaque enfant a-t-il eu de cerises?

1669. Partager 60 prunes entre deux enfants de manière que l'un en ait 5 fois autant que l'autre.

1670. Deux frères ont gagné en une semaine : l'un 5 bons points, l'autre 6 bons points. Leur père leur partage en récompense une somme de 1^f,65 proportionnellement au nombre de bons points de chacun. Quelle somme recevra chaque enfant?

1671. Deux enfants ont l'un 7 ans et l'autre 9 ans. On voudrait leur partager 80 noix en nombres proportionnels à leurs âges. Combien devra-t-on donner de noix à chacun ?

1672. Deux ouvriers ayant travaillé au même ouvrage reçoivent ensemble 8 francs. L'un y a passé 6 heures et l'autre 4 seulement. Quelle part revient-il à chacun ?

1673. Trois fontaines ayant le même débit ont versé ensemble dans un réservoir 1232 litres d'eau. La 1re ayant coulé 30 minutes, la 2e 34 minutes et la 3e 24 minutes, calculer la quantité d'eau fournie par chaque fontaine.

1674. Diviser 167 francs en parties proportionnelles aux nombres 5 — 7 et 8.

1675. Trois petits blocs de marbre dont les volumes sont : 4 dm³ — 6 dm³ — 7 dm³ — pèsent ensemble 44^{kg},2. Trouver le poids de chacun.

1676. Trois tas de briques ont les dimensions suivantes : le 1er 1^m,4 de long, 1^m,2 de large et 1^m,3 de haut ; le second 1^m,6 de long, 1^m,4 de large et 1^m,1 de haut ; le 3e 1^m,8 de long, 1^m,5 de large et 1^m,4 de haut. Les trois tas pèsent ensemble 15 760 kilogrammes. Quel est le poids de chacun ?

1677. Le bronze des cloches contenant 78 parties de cuivre et 22 parties d'étain sur 100, le kilogramme de cuivre valant 3^f,50 et le kilogramme d'étain 2^f,50, calculer : 1° combien il entre de kilogrammes de cuivre et de kilogrammes d'étain dans une cloche pesant 1200 kilogrammes ; 2° le prix total de l'alliage employé.

1678. Deux troupes d'ouvriers ont été occupées à un même travail et ont reçu ensemble 1187^f,20. La 1re troupe composée de 14 ouvriers y a passé 8 journées de 10 heures ; la seconde qui comptait 12 ouvriers y a été occupée 14 journées de 11 heures. Calculer ce qui revient 1° à chaque troupe ; 2° à chaque homme.

1679. On veut mélanger du blé à 18 francs, à 17 francs

et à 15 francs l'hectolitre en quantités proportionnelles aux nombres 4 pour la 1re qualité, 5 pour la seconde et 6 pour la 3e, et obtenir ainsi 45 hectolitres de mélange. On demande 1° combien on devra prendre d'hectolitres de chaque qualité; 2° à combien reviendra l'hectolitre du mélange.

1680. Diviser 52 en parties proportionnelles aux nombres 3,2 et 4,1.

1681. Diviser 84 francs en parties proportionnelles à 5 dixièmes et 7 dixièmes.

1682. Diviser 55 mètres en parties proportionnelles à 2 neuvièmes et à 3 neuvièmes.

1683. Partager 880 litres proportionnellement aux fractions $\dfrac{4}{11}$ et $\dfrac{7}{11}$.

1684. Diviser 280 grammes en parties proportionnelles à $\dfrac{1}{2}$ et $\dfrac{1}{5}$.

1685. Deux personnes ont ensemble 62 ans, et leurs âges respectifs sont proportionnels aux fractions $\dfrac{2}{5}$ et $\dfrac{3}{8}$. Quel est l'âge de chaque personne?

1686. Diviser 124 francs en parties inversement proportionnelles aux nombres 2 3 et 5.

1687. Un instituteur a partagé 38 bons points entre 3 élèves qui ont eu dans une composition d'orthographe : le 1er, 1 faute, le second 3 fautes et le 3e 4 fautes.

Les parts étant inversement proportionnelles aux nombres de fautes, dire combien chaque enfant a reçu de bons points.

1688. Trois ouvriers ont été occupés ensemble pendant une heure à un travail. Ils ont reçu une somme totale de 7 fr. 40 pour la part qu'ils en ont faite.

On demande de répartir cette somme entre les 3 ouvriers sachant que le 1er aurait pu faire seul l'ouvrage en 4 heures, le second seul en 5 heures et le 3e seul en 6 heures.

1689. L'activité de trois ouvriers est représentée par 10 pour le 1er, 11 pour le second, 12 pour le 3e. Ces trois ouvriers, occupés l'un après l'autre, ont employé un total de 6 heures 2 minutes à faire un travail dont chacun a fait le tiers. Combien chaque ouvrier a-t-il été occupé de temps?

Règle de Société.

1690. Deux marchands se sont associés pour une entreprise qui rapporte en un an 1200 francs de bénéfice.

Partager cette somme proportionnellement aux mises qui sont de 6000 francs pour le 1er et 4000 francs pour le second.

1691. Deux personnes s'étant associées ont réalisé un bénéfice de 780 francs. Calculer la part de bénéfice qui revient à chacune, sachant que la première avait apporté 1800 francs et la seconde 1500 francs.

1692. Deux personnes ont fourni l'une 15 000 francs et l'autre 12 000 francs pour fonder un établissement. Au bout d'un certain temps, la valeur de l'établissement est 35 000 francs. Quelle part de bénéfice revient-il à chaque associé ?

1693. Un établissement fondé par deux personnes qui ont apporté l'une 27 000 francs et l'autre 28 000 francs ne vaut plus aujourd'hui que 45 000 francs. Quelle part de cette somme revient à chaque associé ?

1694. Une personne place à 5 % la moitié de sa fortune qui est de 30 000 francs, et met le reste dans une entreprise dont le capital est évalué à 850 000 francs et qui rapporte 52000 francs de bénéfice par an. Quelle rente totale peut espérer cette personne?

1695. Une industrie fondée par 3 personnes produit un bénéfice annuel de 14000 francs. Calculer la part qui revient à chaque associé, les mises étant proportionnelles aux nombres 3 — 5 et 6.

1696. Le bénéfice rapporté par une entreprise pendant 3 ans s'élève à 24000 francs. Les mises des trois associés qui l'ont fondée étaient égales, mais le 1er a retiré la sienne au bout de 2 ans. Quelle part de bénéfice revient-il à chacun?

1697. Une entreprise, fondée par 3 associés dont les mises étaient égales, a rapporté 2600 francs de bénéfice. La mise du 1er est restée 3 mois dans l'entreprise, celle du 2e 4 mois et celle du 3e 6 mois. Quel bénéfice revient-il à chacun?

1698. Deux associés ont placé dans une industrie : le 1er 700 francs pendant 4 mois; le second 900 francs pendant 3 mois. Combien chacun a-t-il gagné, le bénéfice total étant 600 francs ?

1699. Quatre marchands se sont associés et ont mis le 1er 6000 francs pendant 2 ans, le second 5000 francs pendant 2 ans, le 3e 7000 francs pendant 1 an, et le 4e 4000 francs pendant 3 ans. Le bénéfice total étant de 8200 francs, combien chaque associé retirera-t-il, mise et bénéfice compris?

1700. Trois associés ont réuni 23000 francs pour fonder une entreprise. Le bénéfice réalisé ayant été ainsi réparti : 2400 francs pour le 1er; 3200 francs pour le second, et 3600 francs pour le 3e, on demande la mise de chacun.

JUILLET ET AOUT.

RÉVISION GÉNÉRALE.

Exercices et problèmes d'application.

1701. J'ai acheté du drap à 14^f,25 le mètre, et il me reste 1^f,45. Si j'en avais pris à 15^f,50 le mètre, il m'aurait manqué 1^f,80 pour le payer. Combien ai-je acheté de mètres de drap?

1702. J'ai acheté de la soie à 8 francs le mètre. Si j'en avais pris à 6 francs le mètre, j'aurais pu en avoir 4 mètres de plus pour la même somme. Combien ai-je acheté de mètres de soie?

1703. Avec 36^m,40 d'étoffe ayant 0^m,75 de large on a fait 8 robes d'enfant. Combien faudrait-il de mètres d'une autre étoffe qui n'aurait que 0^m,70 de large pour faire 12 robes semblables?

1704. On achète des livres à raison de 2^f,25 la pièce, on en reçoit 13 pour 12, et on les revend 2^f,50 la pièce. Combien gagne-t-on lorsqu'on en vend 52?

1705. Que doit payer une personne qui achète 48^{litres},5 d'huile à 3^f,20 le kilogramme, si un litre de cette huile pèse 0^{kilog},915?

1706. On achète une pièce d'étoffe à raison de 7 francs les 3 mètres; on la revend 28 francs les 11 mètres, et l'on gagne ainsi 14 francs. Quelle est la longueur de la pièce d'étoffe?

1707. Une fontaine fournit 120 hectolitres d'eau en 6 heures; une 2e fournit 380 hectolitres en 20 heures, et une 3e 180 hectolitres en 10 heures. On demande combien ces trois fontaines donnent ensemble d'hectolitres d'eau par heure et par jour.

1708. En revendant une marchandise 3050 francs, on a gagné autant qu'elle avait coûté, moins 2500 francs ; combien avait-elle coûté ?

1709. Une personne a acheté un fût de vin de 225 litres pour 162 francs ; une autre personne a eu un fût de 230 litres du même vin pour 3 francs de plus. Quel a été le marché le plus avantageux ?

1710. Une étoffe a $0^m,75$ de largeur. Pour doubler un tapis il en faut $4^m,25$. Combien faudrait-il, pour le même usage, d'une étoffe ayant $0^m,65$ et quel en serait le prix à raison de $1^f,10$ le mètre ?

1711. Une personne charitable a partagé sa fortune ainsi qu'il suit : $3948^f,55$ à l'hôpital ; 2703 francs au bureau de bienfaisance ; $529^f,08$ à la fabrique de l'église, et le reste à 12 membres de sa famille. Sachant que chacun de ceux-ci a reçu $4603^f,28$, on demande quelle était la fortune totale de cette personne.

1712. On a acheté 89 hectolitres, 25 de vin à 43 francs l'hectolitre ; il s'en est perdu 1 $H^l,70$ en route. On demande à combien revient 1 hectolitre de ce qui reste.

1713. Un boulanger a fait moudre 42 doubles Décalitres de blé qu'il a payés $22^f,50$ l'hectolitre : la quantité de farine obtenue lui a fourni 630 kilogrammes de pain. On demande à combien lui revient le kilogramme de pain, sachant que le son a payé la mouture.

1714. Une personne gagne 2200 francs par an. Pour s'acquitter envers un créancier, elle paye annuellement 375 francs. Combien lui reste-t-il à dépenser par jour ? — Au bout de combien d'années aura-t-elle remboursé 2625 francs qu'elle doit ?

1715. Un épicier vend $0^f,45$ le demi-kilogramme du savon qui lui coûte 82 francs les 100 kilogrammes. Combien gagne-t-il par kilogramme ?

1716. Un cultivateur achète un cheval qu'il revend avec un bénéfice de 110 francs. Que lui à coûté ce cheval s'il a reçu en échange une vache valant 340 francs, une peau valant 80 francs, et 270 bottes de foin à 0^f,32 l'une?

1717. Diviser en 27 parts égales le quotient de 89,8 par la fraction 4/25.

1718. Convertir 45 degrés centigrades en degrés Réaumur, sachant que 10 degrés centigrades valent 8 degrés Réaumur.

1719. Convertir 35 degrés et demi Réaumur en degrés centigrades, sachant qu'un degré centigrade vaut les 4/5 d'un degré Réaumur.

1720. On a acheté 12^m,75 d'étoffe à 90 centimètres de large pour faire une robe. Combien faudra-t-il de percaline à 0^m,50 pour la doubler? Si l'étoffe coûte 1^f,25 le mètre et la percaline 0^f,75, quelle sera la dépense totale?

1721. Dans une année, une femme a blanchi 2085 chemises à 0^f,25 la pièce; 609 paires de drap à 0^f,45 la paire, et 9396 mouchoirs à 0^f,50 la douzaine. Quelle recette a-t-elle dû faire?

1722. Un commis-voyageur a 3/4 pour cent sur toutes les marchandises qu'il vend: Combien a-t-il gagné dans une journée, s'il a vendu 350 mètres d'étoffe à 3^f,75 le mètre?

1723. Une femme marchande 24 demi-kilogrammes de beurre qu'on lui fait 0^f,90 le demi-kilogramme, si elle consent à le prendre sans le peser, et 0^f,85 le demi-kilogramme en le pesant en bloc; comme elle se décide à le prendre au poids, on pèse le beurre et l'on trouve 25 demi-kilog. Combien a-t-elle gagné à le faire peser?

1724. Un journalier dépense en moyenne 3^f,25 par jour et gagne 4^f,75; combien peut-il économiser dans un mois de 30 jours, pendant lequel il a travaillé 24 jours?

1725. Le propriétaire d'une maison a 18 fenêtres à faire vitrer. Lorsque le travail est terminé, il paye 112^f,32. Combien chaque fenêtre renferme-t-elle de carreaux, si chaque carreau revient à 0^f,78 ?

1726. Une personne achète les 4/5 d'une pièce de terre qui contient 6^{Ha},0805, à raison de 65 francs l'Are. Elle revend les 3/4 de ce qu'elle avait acheté, à raison de 68^f,25 l'Are. On demande combien elle a gagné pour cent sur le prix d'achat.

1727. Quelqu'un qui a acheté une propriété a payé les 3/4 du prix et doit encore 7498 francs. Combien cette propriété lui a-t-elle coûté ?

1728. Une personne a acheté un piano pour une certaine somme qu'elle doit verser en 15 paiements égaux. Après le 6e paiement elle doit encore 405 francs. Trouver la valeur du piano acheté.

1729. Démontrer les deux manières de rendre la fraction 8/12 1°, 4 fois plus petite ; 2°, 4 fois plus grande.

1730. Trouver les 2/5 des 3/7 de 24,6.

1731. Une marchande achète 350 mètres de calicot à 1^{fr},20 le mètre, et 375 mètres de lustrine à 0^{fr},60 le mètre ; à quel prix doit-elle vendre le mètre de chacune de ces étoffes pour faire un bénéfice de 160 francs sur le calicot, et de 95 francs sur la lustrine ?

1732. Trouver exactement les 3/4 des 0,7 de 21 mètres.

1733. Dans une division, le diviseur est 375, le quotient 4250, et le reste 2,50. Trouvez le dividende et dites comment vous le trouvez.

1734. Un vase pèse vide 1^{kg},25, et plein d'eau pure 2^{kg},39. Calculer le poids de ce vase lorsqu'il n'est qu'à moitié plein d'eau pure.

1735. Un voyageur fait 5 H^m,8 de chemin en 4 minutes, et un second fait 6 H^m,9 en 5 minutes. Quel est celui qui marche le plus vite, et combien fait-il de chemin de plus que l'autre, dans une journée de 8 heures et demie de marche ?

1736. Une personne fait 7 Hectomètres en 6 minutes, une autre ne fait que 8 Hectomètres en 7 minutes. En combien de temps la première aura-t-elle fait un Hectomètre de plus que la seconde ?

1737. Une prairie produit chaque année la quantité de foin nécessaire pour nourrir 13 bêtes à cornes ; à cause de la sécheresse, la récolte ne sera cette année que les 5/7 d'une année ordinaire ; pour cette raison on ne conserve que 12 bêtes ; on demande pendant combien de temps on pourra les nourrir avec le produit de cette année ?

1738. Un métier peut tisser 12 mètres d'étoffe en 5 heures ; un autre peut fournir en 4 heures 9 mètres de la même étoffe. Combien de temps faudra-t-il les faire fonctionner pour qu'ils fournissent ensemble 93 mètres d'étoffe ?

1739. Partager 21 francs entre deux personnes, en donnant à l'une autant de pièces de 20 centimes que l'autre recevra de pièces de 50 centimes.

1740. Une personne avait un fût de bière de 106 li‑tres, qu'elle avait payé 37 francs ; elle vient d'en céder la moitié, à raison de 40 centimes le litre. A combien lui revient le litre de ce qui lui reste ?

1741. Lorsque le coupon de soie de 6 mètres est payé 45 francs, quelle est la valeur d'un autre coupon de la même soie, mais ayant 8 mètres et demi ?

1742. Deux propriétés ont ensemble 371 Ares, et va‑lent 46 750 francs. Sachant que l'une a une superficie égale aux 0,75 de celle de l'autre, calculer : 1" la sur‑face ; 2° la valeur de chaque propriété.

1743. On a payé une somme totale de 56^{fr},80 à deux ouvriers, pour un travail auquel le premier a été occupé trois journées et demie de 10 heures, et l'autre quatre journées de 9 heures. Que revient-il à chacun d'eux ?

1744. Une lampe brûle 20 grammes d'huile par heure, et reste allumée en moyenne trois heures et demie par soirée. Quelle doit être la dépense pour quinze jours, si $3^{kg},5$ de l'huile employée coûtent $6^{fr},30$?

1745. Une ouvrière tricote des bas de laine qu'elle vend au prix de $2^{fr},80$ la paire. La laine lui coûte $3^{fr},20$ le kilogramme, et 8 paires de bas pèsent juste $1^{kg},05$. On demande ce que cette ouvrière gagne par paire de bas ?

1746. Un boulanger a fourni 236 pains de 2 kilogrammes, la moitié à $0^{fr},28$ le kilogramme, l'autre moitié à $0^{fr},32$. On lui donne en payement 8 mètres d'étoffe à $2^{fr},25$ le mètre, et le reste en espèces. Quel a dû être le montant de la somme reçue ?

1747. Une machine à coudre, du prix de 345 francs, fait le travail de trois ouvrières gagnant chacune $1^{fr},15$ par jour. Après combien de jours de travail aura-t-on économisé le quart du prix de la machine sur les journées que l'on paye en moins ?

1748. On achète $27^{m},5$ de soie à $8^{fr},75$, et l'on obtient 5 % de remise. Si l'on paye avec des pièces de 5 francs, combien devra-t-on en donner (au plus), et quelle menue monnaie devra-t-on y joindre ?

1749. J'ai acheté $1^{m},75$ de drap à 15 francs le mètre, et $18^{m},5$ de toile à $2^{fr},45$ le mètre. Quel est le montant net de ma facture, si l'on me fait une remise des 0,03 du prix d'achat ?

1750. On a mélangé 187 litres de vin à $0^{fr},60$, et 95 litres à $0^{fr},65$. Quel est le prix de revient de 50 litres du mélange obtenu ?

1751. Additionner un lot de pièces de toile comprenant : la première 4^{m} 2/3, la deuxième 7^{m} 1/6, la troisième 9^{m} 2/9, et en calculer la valeur totale à raison de $1^{fr},25$ le mètre ?

1752. Quel est l'intérêt à 6 % d'une somme de $3075^{fr},50$ placée pendant trois mois ?

1753. On a brûlé en trente jours 295 kilogrammes de coke. L'hectolitre de coke pèse 45 kilogrammes, et vaut 1^{fr},90. Combien coûte par jour le chauffage au coke ?

1754. 7^{lit} 3/4 de vin pèsent autant que 7^{lit},13 d'eau. Quel est le poids d'un litre de vin ?

1755. Diviser 40 en trois parties, de manière que la première divisée par 2, la seconde divisée par 3, et la troisième divisée par 5 donnent le même quotient.

1756. Un marchand achète une étoffe à 0^{fr},75 le mètre ; il veut gagner 20 %. Combien doit-il revendre un coupon de 8^{m},75 ?

1757. Une salle a une capacité de 450 mètres cubes. Calculer le poids de l'oxygène qui entre dans la composition de l'air qu'elle renferme, sachant que l'air renferme 23 % de son poids d'oxygène, et pèse 773 fois moins que l'eau.

1758. Le sucre qui coûtait 1^{fr},30 le kilogramme vient d'augmenter de prix dans la proportion de 12 % de son prix primitif. On demande quelle augmentation de dépense annuelle résulte de cette élévation de prix pour une famille qui consomme par semaine 1^{kg} 25^{gr} de sucre.

1759. Une lampe brûle par heure 65 grammes d'huile à 1^{fr},15 le kilogramme ; une autre lampe ne brûle que 0^{kg},05 par heure, mais elle exige de l'huile à 1^{fr},45 le kilogramme. Quelle est celle des deux lampes qui présente le plus d'économie ; de combien sera l'économie au bout de l'année, si chaque lampe est allumée en moyenne 4 heures par jour ?

1760. Une personne perd au jeu dans une première partie les 2/3 de son argent ; puis dans une seconde, elle gagne la moitié de ce qui lui restait après la première ; sachant qu'elle a maintenant 27 francs, calculer ce qu'elle possédait avant de jouer ?

1761. Une grille est formée de 58 barreaux ayant 4 centimètres d'épaisseur et distants les uns des autres de 24 centimètres. Quelle est la longueur de cette grille, sachant que les piliers des deux extrémités sont aussi à 24 centimètres des derniers barreaux?

1762. Un maraîcher a vendu 17 douzaines de laitues à 7^f,50 le cent ; 20 douz. 1/2 de romaines à 8 francs le cent et 54 pieds de céleri à 1^f,50 la douzaine. Avec sa recette, combien peut-t-il acheter de litres de vin à 0^{f}50 ?

1763. Un marchand a mélangé 12 barriques de vin de 115 litres à 80 francs la barrique et 8 barriques de chacune 108 litres à 75 francs la barrique. Quel bénéfice total a-t-il réalisé s'il a revendu 0^f,80 le litre du mélange?

1764. Le 0,1 de ce que possède mon frère vaut les 0,25 de ce que j'ai dans ma bourse et nous avons ensemble 14 francs. Quel est l'avoir de chacun de nous ?

1765. Calculer le périmètre d'un champ rectangulaire de 14^m,5 de largeur et de 11 A,977 de superficie.

1766. Une personne achète 26 mètres de soie, paye au marchand un acompte égal aux 0,7 du prix total et redoit ainsi 58^f,50. On demande 1° le prix des 26 mètres de soie ; 2° le prix d'un mèt .

1767. Que valent, à un c. x-millième près, les 3/7 des 5/9 de 0,45 ?

1768. Une garnison est composée de 1250 hommes, parmi lesquels se trouvent des fantassins et des cavaliers. La solde d'un fantassin est de 10 francs par mois et celle d'un cavalier est de 15 francs. Au bout de 3 mois, le trésorier a versé pour la solde des uns et des autres 40 500 francs. On demande combien il y a de fantassins et combien il y a de cavaliers.

1769. Un cultivateur ensemence les 3/5 de ses terres en blé, 1/7 en avoine, et le surplus, cultivé en prairies artificielles, comprend 7 H^a,20. Combien de terre exploite ce cultivateur ?

1770. Une montre avance de 8 minutes par jour, et elle est maintenant en avance de 4^h 12^m sur l'heure véritable. Dans combien de temps marquera-t-elle l'heure exacte?

1771. Les huîtres valent 12ʳ50 le panier de 50 douzaines, on en a 8 douzaines pour une certaine somme; quelle est cette somme? Combien en aurait-on pour la même somme si le panier coûtait 10 francs?

1772. Combien faut-il revendre une marchandise que l'on a achetée 100 francs, pour gagner 6 %: 1º sur le prix d'achat ; 2º sur le prix de vente ?

1773. Trois militaires ont 36 kilomètres à faire pour se rendre à leur destination; le 1ᵉʳ fait 6 kilomètres par heure ; le 2ᵉ 4ᵏᵐ,5 et le 3ᵉ 4 kilomètres. On demande à combien d'heures d'intervalle ils doivent partir pour arriver ensemble ?

1774. Un épicier a acheté 40 pains de sucre pesant chacun 8ᵏᵍ,075 à raison de 13ʳ,50 le pain. Combien doit-il revendre le demi-kilogramme pour gagner 41ʳ,40 sur son marché ?

1775. Un Are de terrain produit en moyenne 20 litres de blé ; les frais de culture s'élèvent à 80 francs l'Hectare. Sachant que le blé se vend 23 francs l'Hectolitre, on demande quel est le revenu net d'un champ de blé de 3ʰᵃ,58.

1776. En travaillant 2ʰ 3/4 un ouvrier a fait 4ᵐ 2/5 d'étoffe. Combien fabriquera-t-il de mètres de la même étoffe en travaillant 3ʰ 20ᵐ?

1777. Un litre d'eau de mer pèse 1ᵏᵍ,026 et contient 2,5 % de son poids de sel ; dans combien de litres de cette eau y a-t-il 30ᵏᵍ,075 de sel ?

1778. On a mélangé 15 litres de vin pur avec 6 litres d'eau. Combien faut-il y ajouter de vin pur pour que 20 litres du mélange nouveau ne contiennent plus que 3 litres d'eau ?

1779. On a acheté pour 168 francs une pièce de vin de 225 litres, on en boit 39 litres et l'on veut gagner 2 francs sur le prix total en revendant le reste. Combien revendra-t-on chaque litre?

1780. Une personne a reçu une part dans chacune des deux répartitions suivantes: 910 francs entre 14 personnes, et 738 francs entre 18 personnes. Après avoir reçu ce qui lui revenait, cette personne en a dépensé les 3/4. Que doit-il lui rester?

1781. Une pelote du poids de 11 grammes contient 150 mètres de fil et coûte 0ʳ,15. On demande quelle serait la longueur du même fil qu'on pourrait acquérir pour une somme de 2ʳ,25 et quel serait le poids de ce fil.

1782. Dans une commune de 6230 habitants, chaque personne consomme en moyenne 9 kilog. de pain en 15 jours. Combien faut-il fabriquer, par année (365 jours) de kilog. de pain pour la consommation de la commune?

1783. Un marchand a acheté 130 vases de porcelaine à 4ʳ,50 le vase; 11 de ces vases se sont brisés et ont été ainsi perdus pour le marchand. Combien doit-il vendre chacun de ceux qui restent, pour gagner 15 francs sur le tout?

1784. Un train parcourt 525 mètres par minute et brûle pendant ce temps pour 0ʳ,30 de charbon: quelle distance parcourt-il, et quelle dépense de combustible nécessite-t-il en 2 heures 15 minutes?

1785. Indiquer le sens précis qu'il faut attacher à l'opération qui consiste à diviser un nombre entier, 12, par exemple, par une fraction telle que 3/4.

1786. Paul a 127ʳ,50 de plus que Léon, et il se trouve que la part de Léon est le quart de celle de Paul; combien chacun possède-t-il?

1787. Une tailleuse emploie 14 mètres d'une étoffe ayant 3/4 de mètre de large pour faire une robe. Combien faudra-t-il de mètres d'une autre étoffe ayant 5/8 de mètre de large pour habiller la même personne? Ces deux robes coûtant le même prix, on demande quelle longueur de la première étoffe on aura pour le prix d'un mètre de la seconde.

1788. L'hectolitre de blé pèse 75 kilogr.; 14 kilogr. de froment donnent 13 kilogr. de farine; 100 kilogr. de farine donnent 130 kilogr. de pain. Il faut, pour la consommation annuelle d'un homme 360 litres de blé. Combien consomme-t-il de kilogr. de pain?

1789. Une fermière a des poulets à 2^f,75 et à 2^f,50: on veut lui en acheter une douzaine pour 31 francs; combien devra-t-elle en donner de chaque sorte?

1790. Un marchand de chaussures achète 18 paires de bottines à 11^f,25. Il veut les revendre de manière à gagner sur le tout le prix de vente des trois dernières. Combien doit-il revendre chaque paire de bottines?

1791. Un caissier a donné en deux fois les 2/5 et les 3/8 de son argent. Combien avait-il dans sa caisse, sachant qu'il lui reste 630 francs?

1792. Un propriétaire possède 40 moutons et un autre 60. Ils les font garder par un seul berger qu'ils nourrissent, et à qui ils donnent 225 francs de gages par an. Les dépenses de chaque propriétaire devant être en rapport avec l'importance de leur troupeau, on demande combien de jours chacun devra nourrir le berger, et quelle somme il lui donnera.

1793. Un entrepreneur a déboursé une somme de 270 francs pour payer 56 journées d'ouvriers divisés en deux catégories; aux premiers, il a donné 4^f,50 par jour, aux autres, 5^f,25. On demande combien il y avait de journées dans chaque catégorie.

1794. Un ouvrier devait recevoir une somme de 144 francs pour un travail qui demande 3 semaines de 6 jours de travail: il n'y a été occupé que 6 jours 5 heures. Combien recevra-t-il, la journée étant de 10 heures?

1795. Une troupe d'ouvriers, travaillant 9 heures par jour, a mis 6 jours à faire 18 mètres d'ouvrage. Combien ces mêmes ouvriers, travaillant 10 heures par jour, mettront-ils de jours pour faire 32 mètres du même ouvrage?

1796. Une terre de 5 Hectares 32 Ares a été ensemencée en seigle, et a rapporté 17 Hectolitres de grain par Hectare. L'Hectolitre de seigle pèse 72 kilogr., et le poids de la paille récoltée vaut à peu près deux fois et demie celui du grain. On demande combien l'on récolte d'hectolitres de seigle et de quintaux de paille sur cette terre,

1797. Une couturière a acheté 72 mètres de velours à 19^f,75 le mètre; elle a payé les 0,8 du prix avec de la soie d'une valeur de 12 francs le mètre, et le reste en argent. Combien a-t-elle donné de mètres de soie et combien d'argent?

1798. Un épicier achète 200 kilogr. de café à 4 francs le kilogr. Combien devra-t-il vendre 15 kilogr. de ce café pour réaliser un bénéfice de 15 %?

1799. Un convoi de chemin de fer contenait 187 voyageurs, tant de première que de seconde classe. Les voyageurs de 1re ont payé 18 francs et ceux de 2e 14 francs. La recette totale a été de 2958 francs. On demande le nombre de voyageurs de chaque classe.

1800. Un épicier achète, avec 18 %, de remise, 14 pains de sucre de chacun 6^{kg},5 à 1^f,45 le kilogr., et 6 caisses de café de chacune 25 kilogr. à 4^f,25 le kilogr. Quel doit être le montant net de sa facture?

1801. Une brique carrée a 0^m,28 de côté. 1° Combien faudra-t-il de briques semblables pour carreler une chambre de 6^m,40 de longueur, sur 4^m,7 de largeur; 2° quelle dépense totale fera-t-on si le cent de briques vaut 16^f,50 et si l'on emploie à ce travail 2 ouvriers qui l'achèvent en une journée et qui gagnent chacun 3^f,40 par journée?

1802. Un oncle laisse en mourant 34 800 francs qui doivent être partagés entre ses cinq neveux, et il a stipulé dans son testament que la part de chacun doit être en raison inverse de son âge. On demande quelles seront les parts, sachant que le 1er neveu est âgé de 30 ans, le 2e de 20 ans, le 3e de 18 ans, le 4e de 12 ans et le 5e de dix ans?

1803. Le blé pèse 750 grammes par litre et fournit 89 % de farine et le reste de son. Quel poids de son et de farine retirera-t-on de 37 Hl,8 de blé?

1804. Un fût de vin blanc de 114 litres coûte chez le propriétaire 36 francs ; les frais de régie et de transport sont de 7f,50. On veut mettre ce vin en bouteilles contenant chacune 3/4 de litre. Combien en aura-t-on, et quel sera le prix de revient de chaque bouteille, le cent de bouchons coûtant 1f,50?

1805. La femme d'un cultivateur a vendu au marché : 27 douzaines d'œufs à 0f,55 la douzaine; 9k,5 de beurre à 1f,60 le kilogr.; 7k,25 de fromage à 0f,80 le kilogr.; 36 doubles Décalitres de pommes de terre à 0f,65 le double Décalitre, et 6800 pommes a 0f,45 le cent. Sur l'argent qu'elle retire, elle a prélevé 10f,30 et, avec le reste, elle veut acheter de l'étoffe dont on lui demande 3f,05 du mètre. Combien en aura-t-elle de mètres?

1806. Un père et ses six enfants gagnent 26f,50 par jour et ne dépensent que 13f,25. Après 8 ans de travail, le père partage les économies entre ses six enfants, moins 2500 francs qu'il garde pour lui. Faites connaître ce qui revient à chacun d'eux. (Les dimanches et jours de fête font perdre 65 jours de travail en moyenne.) Comptez les années pour 365 jours.

1807. Un ouvrier achète une terre marécageuse qu'il assainit, plante en osier, et qui lui revient à 580 francs. Cette oseraie lui rapporte en moyenne, par an, 90 francs. Trouver à quel taux cet ouvrier a placé son argent.

1808. Une personne possède 14 500 francs. A quel taux doit-elle placer son argent pour se créer un revenu mensuel de 54f,30?

1809. Diviser le nombre 1065 en quatre parties de

manière que la première soit double de la seconde, la seconde double de la troisième, et la troisième double de la quatrième.

1810. Deux courriers partent en même temps de deux points distants de 163 lieues 1/3 pour marcher à la rencontre l'un de l'autre. Le premier fait 16 lieues en 5 heures et le second 10 lieues en 3 heures. Au bout de combien d'heures se rencontreront-ils et quelle sera la distance parcourue par chacun ?

1811. Une pompe peut épuiser un bassin en 7 heures et demie ; une autre l'épuiserait en 5 heures. Si on les faisait fonctionner ensemble, combien faudrait-il d'heures pour épuiser le bassin ?

1812. On mélange 15 litres de vin à 0^f,60 et 10 litres d'un autre vin ; quel est le prix de ce dernier, si le litre de mélange revient à 0^f,64 ?

1813. Un marchand qui a vendu pour 11 780^f,19 d'étoffe achetée 35^f,25 le mètre, se trouve avoir gagné 15 pour 100 sur le prix d'achat. Combien a-t-il vendu de mètres ?

1814. Une pièce d'étoffe de 32^m,50 a été payée 78 francs. On en prend 7^m,60 pour faire une robe. On emploie en outre 2^m,85 de doublure à 0^f,80 le mètre, et on paye 4^f,50 de façon à la couturière. Trouver le prix de la robe.

1815. Un marchand achète des objets à raison de 1^f,30 la douzaine et les revend 12 francs le cent. Quel est son bénéfice pour cent *de vente?*

1816. Un couturière a un coupon d'étoffe de 20^m,70 avec lequel elle veut faire deux robes.

Première question. Le coupon est divisé en deux parts ; on en met de côté les 5/9 pour une robe ; le reste est réservé pour l'autre robe ; combien entrera-t-il d'étoffe dans chaque robe ?

Deuxième question. L'étoffe a coûté 6^f,20 le mètre ;

mais le marchand, qui est payé comptant, fait un escompte de 3 pour 100. Combien lui doit-on?

1817. Une ouvrière a fait, en un jour, 4 mètres 2/7 d'ouvrage; une autre ouvrière a fait, dans 3 jours, 12 mètres 3/5 du même ouvrage : 1° Quelle est celle qui travaille le plus vite? 2° la première a été payée à raison 0^f,15 par septième de mètre : combien a-t-elle gagné dans sa journée? — 3° La 2° a été payée à raison de 7 centimes par quinzième de mètre : Combien a-t-elle gagné dans ses trois journées?

1818. Dans une ville, on paye 52^f,50 le mètre cube de pierre de taille, et pour faire mettre cette pierre en œuvre, elle coûte les 3/5 du prix d'acquisition. Combien coûtera un mur ayant 14^m,75 de longueur sur 2^m,25 de hauteur et 0^m,32 d'épaisseur?

1819. 85 Hectares ont coûté 44 240 francs. Une partie a été payée au prix de 560 francs l'Hectare et l'autre au prix de 480 francs l'Hectare. Combien a-t-on acheté d'hectares de chaque prix?

1820. Un négociant achète 360 mètres de drap, dont le 1/12 à 20^f,85, le 1/6 à 15^f,40, et le reste à 12^f,80. On lui fait une remise de 3 pour cent. Quelle somme doit-il débourser?

1821. 7 litres 3/4 d'un vin ont coûté 4^f,65. Quel serait le prix de 17 litres 7/12 du même vin?

1822. Une famille de 7 personnes qui travaille 305 jours de l'année gagne 13^f,85 par jour; elle a fait 1079^f,40 d'économies en un an. Quelle a été la dépense moyenne pour chaque personne par jour?

1823. On a payé, au prix de 5^f,50 le mètre carré, la maçonnerie de moellons d'un bâtiment présentant 600 mètres carrés de maçonnerie ; dans la somme qu'on a déboursée, il y a autant de pièces de 10 francs que de pièces de 5 francs. Combien y a-t-il de pièces de chaque valeur?

1824. Les frais d'exploitation d'un Hectare cultivé en blé s'élèvent à 178 francs; d'autre part, le produit de l'Hectare est de 17 H^l,5 de blé et d'une quantité de paille évaluée à 32 francs. A quel prix faut-il que se vende l'hectolitre de ce blé pour que le cultivateur gagne 325 francs par Hectare?

1825. Un faucheur peut couper 54 Ares de blé en une journée de 12 heures. 1° Combien lui faudra-t-il de temps pour faucher un terrain de 468 Ares? 2° Combien gagnera-t-il par Are et par jour si, le travail terminé il reçoit 15 francs pour son salaire?

1826. Diviser 55198 francs en quatre parties sous les conditions suivantes : la seconde sera le triple de la 1re, la 3e le triple de la seconde, et la 4e vaudra 20 fois la 3e.

1827. Chaque élève d'une pension boit 0^l,45 de vin par jour ; la pension compte 72 élèves. Quelle est la consommation annuelle? Il y a dans l'année 50 dimanches ou jours de congés pendant lesquels la moitié des élèves est absente; et pendant 58 jours de vacances, il ne reste au pensionnat que le sixième des élèves.

1828. Un enfant va chercher des pommes au verger ; il veut en donner le 1/3 à sa mère, le 1/4 à sa sœur et en avoir encore 10 pour lui. Combien faut-il qu'il prenne de pommes?

1829. Le 1er mars, on achète 148 mètres d'étoffe à 2^f,75 le mètre; quinze jours plus tard, la même étoffe a baissé de 0^f,20 par mètre, et l'on en achète alors 200 mètres. On veut revendre le tout au détail et au même prix, en gagnant 55 francs. Quelle devra être le prix de vente d'un mètre?

1830. On a acheté pour 1014^f,58, tous frais compris, une caisse de bougies pesant 359 kilog. et payée à raison de 280 francs les 100 kilog. Sachant qu'elle a été expédiée d'une ville distante de 134 kilomètres, on demande le prix du transport par kilomètre.

1831. Avec le prix du tabac qu'un fumeur a consommé pendant un certain temps et dans la proportion de 12 grammes par jour, il aurait pu acheter 136^{kg},875 de viande à 1^f,60 le kilog. Combien de temps a-t-il fumé? On sait d'ailleurs que le tabac vaut 12^f,50 le kilogramme.

1832. J'ai vendu 47^m,50 de mousseline à 0^f,95 le mètre; si l'acheteur me paye comptant, je lui ferai une remise de 3 %. Que devra-t-il alors me donner?

1833. Combien faut-il de mètres en longueur d'un papier peint qui a 0^m,60 de largeur pour couvrir les 4 murs d'un appartement ayant 5 mètres de long, 4 mètres de large et 4^m,80 de hauteur?

1834. Une charrue trace un sillon de 0^m,25 de largeur et de 200 mètres de longueur en 5 minutes. On demande: 1° combien elle fera de chemin pour labourer un Ha; 2° combien elle emploiera de temps.

1835. On a ensemencé une prairie de graine de luzerne qui coûte 142 francs le quintal. Calculer la superficie de cette prairie, sachant qu'il a fallu 31 kilog. de graine par hectare et qu'on a dépensé 154^f,07.

1836. Une *tonne métrique* de houille donne 105 kilog. de goudron; un quintal de goudron fournit 9 Hectog. et demie de benzine. Quelle quantité de houille faudrait-il traiter pour obtenir 10 kilog. de benzine?

1837. On a divisé en 48 pains de chacun 1 kilog. et demi une motte de beurre. Combien de pains aurait-on pu obtenir si l'on en avait voulu une égale quantité de 1 kilog. et de 1 demi-kilog?

1838. On achète pour 675 francs de drap de deux qualités et l'on a autant de mètres de l'une que de l'autre. La 1re qualité vaut 15 francs le mètre, et 5 mètres de la 2e coûtent autant que 4 mètres de la 1re. Combien a-t-on de mètres de chaque qualité?

1839. On voudrait partager une somme de 12 400 fr.

entre deux personnes, de manière que la seconde eût 220 francs de plus que les 0,45 de la part de la 1re. Quelle doit être la part de chaque personne?

1840. Un libraire achète 91 volumes cotés 1f,45 le volume, avec une remise de 20 pour 100, et 13 pour 12. Quelle somme doit-il?

1841. On a acheté 25 mètres de drap et 18 mètres de soie pour 477f,75 ; un mètre de drap coûtant 3f,25 de plus qu'un mètre de soie, trouver le prix d'un mètre de drap et celui d'un mètre de soie.

1842. Avec une somme de 75 francs qu'elle a à sa disposition, une directrice de salle d'asile pourrait distribuer 20 pantalons, si elle les achetait tout faits. Mais elle achète elle-même l'étoffe et la doublure nécessaires pour 57 francs. Avec le reste, elle fait confectionner les pantalons dont la façon lui revient, pour chacun, à 0f,75. Combien aura-t-elle de pantalons à distribuer?

1843. Une lampe brûle, en 15 heures 1/4 un kilog. d'huile coûtant 1f,75. Pour avoir la même clarté, il faut employer 6 bougies qui durent 7 heures et demie et coûtent 1f,50. Quel est l'éclairage le plus économique?

1844. Un négociant avait acheté un certain nombre d'hectolitres de céréales aux conditions suivantes: les 2/3 à 23f,50 l'hectolitre ; le 1/9 à 16f,80 ; le 1/6 à 12f,70 et les 3 hectolitres restants à 14f,50. Il vend le tout au prix de 23 francs l'hectolitre. Combien gagne-t-il ?

1845. On mêle ensemble trois pièces de vin, la première de 225 litres à 0f,63 le litre ; la 2e de 230 litres à 0f,65 et la 3e de 228 litres à 0f,68. Quel devra être le prix de vente de 200 litres du mélange obtenu, si l'on veut gagner 15 % du prix de revient?

1846. On a acheté 12 litres de lait : pour savoir si le marchand y a mis de l'eau, on pèse ce liquide, et l'on trouve 12 kilogr, 3. Sachant que la pesanteur spécifique du lait est 1,03, on veut connaître la quantité d'eau que renferment les 12 litres.

1847. La pièce de vin de 228 litres pèse 264 kilog. fût compris et coûte 167^f,50 d'achat et de droits, 7^f,50 de port par 100 kilog. et 22^f,50 d'entrée par 100 litres. A combien revient le litre si l'acheteur revend le fût vide 6^f,30?

1848. On veut partager une somme de 6490 francs entre 4 personnes de manière que la première ait 160 fr. de plus que la 2e; que celle-ci ait 240 francs de plus que la 3e, et que la 3e ait 340 francs de plus que la 4e. Quelle sera la part de chaque personne?

1849. Un voyageur fait 1500 pas par kilomètre et 100 pas par minute. Il est éloigné de 12 kilomètres d'une ville où il doit arriver à minuit. A quelle heure devra-t-il partir, en supposant qu'à cause de la nuit sa vitesse se trouve diminuée d'un dixième?

1850. Une personne loue sa propriété pour une somme de 1895 francs par an. Les impôts, qui restent à sa charge, s'élèvent à 114^f,60. En supposant que le revenu net de la propriété soit de 2,75 %, on demande quelle est la valeur de cette propriété.

1851. Les grandes roues d'une voiture ont 1^m,2 de diamètre, et les petites 1 mètre. Combien de tours font les petites roues pendant que les grandes parcourent 7539^m,84?

1852. Les 2/5 d'une perche sont peints en bleu, les 0,35 en rouge, et le reste qui a 0^m,75 est peint en jaune. Quelle est la longueur totale de cette perche?

1853. Avec 8 métiers fonctionnant 7 heures par jour, il faut 11 jours pour tisser 2090 mètres de toile. Combien peut-on tisser de mètres de toile en 9 jours et demi, avec 6 métiers fonctionnant 8 heures par jour?

1854. Une pendule avance de 15 minutes par jour. Elle est maintenant en avance de trois quarts d'heure.

Dans combien de temps marquera-t-elle l'heure véritable ?

1855. Une balle élastique rebondit chaque fois aux 4/7 de la hauteur d'où elle est tombée. Après avoir rebondi 5 fois, elle s'est élevée à $4^m,755$. A quelle hauteur l'avait-on lancée d'abord ?

1856. On a acheté $1^{kilog},3$ de viande, au prix de 2 francs le kilogramme. Cette viande doit servir à deux repas, pour une famille de 6 personnes. La viande cuite et désossée ayant perdu 1/3 de son poids, quelle sera, à chaque repas, la part de chaque personne, et que coûtera chacune de ces portions?

1857. Avec 10 kilogrammes de fil on peut fabriquer une pièce de toile de 39 mètres de longueur sur 85 centimètres de largeur. Quelle serait la longueur d'une pièce de toile fabriquée avec $17^{kilog},5$ de fil, si cette pièce n'avait que 65 centimètres de largeur?

1858. Deux frères viennent d'acheter un jardin à frais communs; le premier donne 34 quintaux de blé à 29 francs le quintal, et il lui manque encore 450 francs pour achever de payer sa moitié; le second doit payer sa part en donnant de la vigne qui vaut 25 francs l'are; combien donnera-t-il d'ares de vigne et quel est le prix total du jardin ?

1859. Une ménagère a acheté 144 mètres de toile à $2^r,15$ le mètre. Elle a employé cette toile à faire des chemises. Sachant qu'elle a mis 3 mètres de toile par chemise et qu'elle a donné $1^r,75$ pour la façon d'une chemise, on demande : 1° combien elle a fait de douzaines de chemises; 2° combien lui coûtent toutes les chemises et à combien lui revient une chemise.

1860. La crème renferme les 0,4 de son poids de beurre, et un litre de lait donne 125 grammes de crème. Le lait se vend $0^r,50$ le double litre, et le beurre $1^r,40$ le demi-kilogramme. On demande la quantité de beurre qu'on retirera de 100 litres de lait, et quelle sera la vente la plus avantageuse, ou de la vente de 100 litres de lait, ou de celle du beurre obtenu avec ce lait.

1861. Un bassin qui peut contenir 50 hectolitres d'eau, en reçoit d'une source 4/5 d'hectolitre par minute, et en perd par un orifice 2/3 d'hectolitre par minute. En combien de temps sera-t-il rempli ?

1862. Un bassin de forme rectangulaire a les dimentions suivantes : longueur $1^m,85$; largeur $0^m,75$; profondeur $0^m,58$. Il se remplit au moyen d'un robinet qui donne 2 litres d'eau par minute et se vide par une ouverture qui lui retire $1^{lit},4$ par minute. Combien de temps faudrait-il pour remplir ce bassin, si l'on ouvrait à la fois le robinet qui l'emplit et l'orifice qui le vide ?

1863. La farine coûtant 81 francs les 150 kilog., on demande combien doit coûter le kilogramme de pain, en admettant que 5 kilog. de farine donnent 6 kilogrammes de pain et que le boulanger gagne 9 francs par 100 kilog. de farine.

1864. Une ouvrière entreprend la confection d'un certain nombre de chemises. Elle achète du calicot à $1^f,40$ le mètre, et dépense $71^f,25$ y compris 3 francs de fournitures. Il faut $3^m,25$ de calicot pour faire une chemise. Combien doit-elle vendre chaque chemise pour recevoir 2 francs de façon par chemise ?

1865. Un marchand a acheté $325^m,20$ de drap à raison de $10^f,50$ le mètre ; il en revend les 3/5 à raison de $12^f,10$ et veut gagner $1043^f,50$ sur le tout. Combien doit-il vendre le mètre de ce qui lui reste ?

1866. Un marchand de fournitures classiques a reçu 180 boîtes de chacune 12 douzaines de plumes métalliques. Le montant de la facture s'élève à $137^f,50$. Ces plumes sont revendues au détail à raison de $0^f,15$ la douzaine. Calculer le bénéfice du marchand sur cet article et dire combien il gagne pour cent.

1867. Sur trois notes; l'une de 210^f,40, l'autre de 420^f,70 et la troisième de 612^f,85, l'acheteur a retenu les centimes et n'a payé que les francs. A combien pour cent s'élève la retenue faite sur le tout? — Quel est, relativement au montant, celle des trois notes qui a subi la retenue la plus considérable?

1868. La houille pèse 80 kilogr. par hectolitre et produit à la distillation 230 litres de gaz par kilog. Combien faut-il d'hectolitres de houille, pour fabriquer 245 000 mètres cubes de ce gaz?

1869. On a ensemencé un hectare de terre avec 220 litres de blé; le rendement a été de 350 gerbes. Sachant que 100 gerbes produisent 7^m,05 de blé, quel est le produit d'un litre de semence? Combien faudrait-il d'hectares pour récolter 200 hectolitres de blé?

1870. Le lait que l'on donne à un veau produit, dit-on, 7 % de son poids en viande. Le kilogr. de viande vaut 1^f,80, et le décalitre de lait pèse 10^{kilog},3. Trouver : 1° combien valent 50 litres de lait ainsi employés; 2° quelle quantité de lait il faut pour produire 10 kilog. de viande.

1871. Dans un champ de pommes de terre de 2^{ha},04 on a arraché une rangée de 49 mètres sur 0^m,80 et obtenu 59 litres de tubercules. Que peut-on espérer d'hectolitres dans la récolte, et quel volume cette récolte occupera-t-elle?

1872. Un vase pesait vide 0^{kilog},95 ; on l'a empli d'eau pure et son poids s'est élevé à 2^{kilog},06. Quel serait le poids de ce vase, si l'on retirait les 0,4 de l'eau qu'il renferme?

1873. Pour faire une robe on achète 8^m,50 d'une étoffe qui a 0^m,60 de largeur. On désire doubler entièrement cette robe avec une étoffe de 0^m,80 de largeur. La première étoffe coûte 6^f,25 le mètre et la seconde 0^f,90. On demande : 1° combien il faudra acheter de mètres de doublure; 2° quel est le prix net des deux étoffes réunies, si l'on obtient, en payant comptant, un escompte de 2f,50 %.

1874. Un marchand a acheté du blé à 3 francs le double décalitre et de l'orge à 1f,80 le double décalitre. Il mélange 85 hectolitres de blé et 42 hectolitres d'orge. Combien devra-t-il vendre le double décalitre du mélange, s'il veut gagner 18 % sur son marché?

1875. Un cultivateur a vendu 327f,50 sa récolte de paille d'avoine à raison de 31f,25 les 1000 kilogr. On demande combien il a récolté d'hectolitres d'avoine, sachant que pour 47 kilogr. de paille, il y a un hectolitre de grain?

1876. Une personne a employé 10 douzaines de pelotes de fil à 1f,50 la douzaine, avec la treizième en plus. Payant comptant, elle a obtenu une remise de 5 %. Combien aurait-elle payé de plus si elle avait acheté son fil au détail, à 0f,20 la pelote?

1877. Si une vache n'avait d'autre nourriture que du foin, elle en consommerait annuellement 12 fois son propre poids. Un fermier qui a 14 vaches, pesant en moyenne 325 kilogr., se propose de leur donner en foin, pendant six mois, la moitié de leur nourriture, et d'y employer la récolte faite sur une portion d'un pré naturel de 5e classe, dont l'are ne fournit que 25 kilogr. de foin. Quel est au moins le nombre d'ares du pré qu'il devra réserver à cet usage?

1878. Une femme tricote des bas de laine qu'elle vend 3f,50 la paire: la laine lui coûte 7f,50 le kilogr. et 12 paires de bas pèsent 2k,16. Sachant que cette personne fait 21 bas par mois, on demande ce qu'elle gagne par paire de bas, et combien il lui reste de son gain à la fin de l'année, si elle dispose de 0f,45 par semaine pour une bonne œuvre.

1879. Dans un atelier, un ouvrier, qui n'est payé que toutes les six semaines et qui travaille 6 jours par semaine, reçoit 207 francs. On demande : 1° ce qu'il gagne par an ; 2° à combien il doit borner sa dépense quotidienne pour mettre chaque mois 30 francs à la caisse d'épargne.

1880. Un pré a coûté, tous frais compris, 7500 francs. On paye 22 francs d'impôts et on le loue 300 francs. A quel taux a-t-on placé son argent?

1881. Deux bateaux partent en même temps, l'un montant, l'autre descendant la Seine. La vitesse du bateau qui monte est les 2/5 de la vitesse de celui qui descend. L'intervalle qui sépare les points de départ est de $2^{km},1$. Quelles sont les distances des points de départ où les bateaux se rencontreront?

1882. Un marchand a acheté une pièce de drap de 36 mètres pour 360 francs; il en vend la moitié pour $178^f,20$. Combien doit-il vendre le mètre de l'autre moitié pour gagner 4,5 °/₀ sur le prix d'achat?

1883. Le volant d'une machine, en faisant 315 tours en 6 minutes 3/4, met en mouvement une filière qui donne 240 mètres de fil de fer en 1 heure 40 minutes. On demande le temps qu'il faudrait pour faire 640 mètres du même fil, si le volant avait une vitesse de 375 tours en 4 minutes 1/2.

1884. Une ménagère fait confectionner cinq douzaines de chemises avec une toile qui coûte $1^f,75$ le mètre. Il faut $2^m,50$ pour une chemise, et l'on donne 10 francs par semaine à l'ouvrière chargée du travail. Cette ouvrière fait 2 chemises tous les 3 jours et elle travaille 6 jours par semaine. Calculer la dépense totale et le prix de revient d'une chemise.

1885. Une fontaine fournit 29 hectolitres d'eau en 3 heures; une 2e, 47 hectol. en 5 heures et demie; une 3e, 35 hectol. 1/4 en 4 heures. Combien ces trois fontaines réunies emploieraient-elles d'heures pour emplir un bassin de 430 mètres cubes ?

1886. Un fonctionnaire a un traitement annuel de 1000 francs, soumis à la retenue du 1/20 pour la retraite ; il touche 250 francs pour des fonctions accessoires et a en outre un revenu de 150 francs. Sachant que les 3/5 des recettes sont employées pour les dépenses de nourriture de la famille ; les 2/3 du reste pour celles de l'habillement, et ce qui reste à des frais divers, on demande à quel chiffre s'élève chaque nature de dépense.

1887. Un libraire fait imprimer un livre de 35 feuilles : il donne 45 francs pour la composition de chaque feuille et sa correction : le papier coûte 12 francs la rame de 500 feuilles ; le cartonnage $0^f,46$ l'exemplaire ; les annonces 125 francs. Chaque exemplaire se vendra $3^f,50$; le libraire veut gagner 500 francs. Combien doit-il tirer d'exemplaires ?

1888. Dans une prairie de $124^m,75$ de long et de $84^m,25$ de large, valant 123 francs l'are, on a récolté 583 bottes de foin qu'on a vendues à raison de 51 francs le cent. Quel a été le rapport pour cent de cette prairie ?

1889. Quel est le capital qui, réuni à ses intérêts, pendant 3 ans et 6 jours, au taux de 4,5 % par an, forme un total de $4876^f,55$?

1890. Un capital est devenu au bout de 18 mois, principal et intérêt, 16 350 francs. On demande : 1° quel est ce capital ; 2° le taux auquel il a été placé, sachant qu'il serait devenu 17 625 francs en 35 mois.

1891. Le blé perd en séchant 4 % de son poids par an. L'hectolitre de blé valant 22 francs après la récolte, à quel prix revient-il 9 mois après, en tenant compte de l'intérêt du capital à 6 % l'an, et des frais d'entretien du blé estimés $0^f,25$ par hectolitre ?

1892. On présente à un banquier, le 12 juillet, un billet de 1875 francs payable le 12 novembre de la même année. L'escompte étant calculé à 6 %, quelle somme versera le banquier?

1893. Trois paysans ont logé des troupes, savoir : le 1er 6 hommes et 4 chevaux pendant 15 jours; le 2e 8 hommes et 3 chevaux pendant 12 jours; le 3e 10 hommes seulement pendant 9 jours. Il leur est accordé une indemnité totale de 180 francs. Faire la répartition, sachant que 2 chevaux doivent entrer en ligne de compte pour un homme seulement.

1894. Un marchand a acheté pour 2560 francs de marchandises, à un an de terme pour le payement, avec escompte de 4 % par an, s'il paye avant le terme fixé. Il se libère quelque temps après en donnant 2480^f,64. Après combien de mois et de jours a-t-il payé?

1895. Une personne a placé une certaine somme à intérêt simple, au taux de 5 %, pendant 8 ans et 3 mois; elle a acheté, avec cet intérêt, un terrain de 27 ares 4 centiares, à 0^f,32 le mètre carré. Quel est le capital qui a été placé?

1896. Un propriétaire vend un champ de 15 hectares 7 ares à raison de 0^f,185 le mètre carré. Il place à 6 % les 2/5 de l'argent qu'il retire. Quelle somme aura-t-il au bout de 6 mois?

1897. Un marchand a acheté 31 mètres de drap à 18^f,75 le mètre; il en a vendu 14 mètres en gagnant 11 % sur le prix d'achat; en vendant le reste, il gagne 29 francs sur ce reste. Combien ce marchand a-t-il gagné pour cent sur la totalité?

1898. On a rempli les 13/15 d'un fût, dont la capacité est de 225 litres, et l'on a ajouté l'eau nécessaire pour faire le plein. On a tiré 45 litres de ce mélange et l'on a fait une seconde fois le plein avec de l'eau. Quel est le prix d'un litre de mélange résultant de la seconde opération, sachant que l'hectolitre de vin pur vaut 42 francs?

1899. Un cultivateur a ensemencé en colza une pièce

de terre de 3 hectares 65 ares. Les frais de culture et de fumure se sont élevés à 175^f,80 par hectare. Ce terrain est loué 24 francs les 30 ares. La récolte a été de 18^{hl},60 par hectare et a été vendue 22^f,50 l'hectolitre. Quel bénéfice ce cultivateur a-t-il réalisé sur cette pièce de terre?

1900. Que posséderait, à l'âge de 21 ans, un jeune homme au nom duquel on aurait placé à la caisse d'épargne, chaque année, depuis sa naissance jusqu'à sa 15e année, et qui, à partir de sa 16e année, aurait versé lui-même 100 francs par an? (Le taux est de 3,5 %, les intérêts sont capitalisés à la fin de chaque année, mais les fractions de franc ne rapportent pas d'intérêt. On admettra que l'enfant est né le 1er janvier.)

SYSTÈME MÉTRIQUE.

OCTOBRE.

NOTIONS GÉNÉRALES.

Le système métrique est décimal; avantages qui en résultent. — Ce qu'on entend par mesurer. — Diverses espèces de mesures; leur emploi. — Définitions des unités des mesures ; leur rapport avec le mètre. — Multiples et sous-multiples décimaux des unités métriques ; comment on les exprime et ce qu'ils sont par rapport à l'unité. — Mesures effectives : unités, multiples et sous-multiples, doubles et moitiés de ces mesures.

EXERCICES.

1. Donner la définition du *système métrique.*

2. Exposer l'avantage principal qui résulte de l'adoption d'un système uniforme de mesures dans le même pays.

3. Dire quels avantages résultent de l'établissement des mesures françaises sur une base décimale.

4. Répondre par écrit aux questions suivantes:

1° Qu'est-ce que mesurer?

2° Qu'est-ce qu'une mesure?

3° Qu'appelle-t-on quantité ou grandeur?

4° Quelles sont les quantités que l'on a le plus généralement besoin de déterminer?

5° Qu'appelle-t-on unité?

5. Remplir le tableau suivant:

ESPÈCES DE MESURES	UNITÉS	DÉFINITION DE L'UNITÉ
1° Longueur.....	Mètre........	10 000 000ᵉ partie du quart du méridien terrestre.
2° Surfaces, etc..	....	....

6. Montrer comment chaque unité de mesure du tableau précédent se rattache au mètre et justifie son nom de *mesure métrique.*

7. Quelle est l'utilité des multiples et des sous-multiples décimaux de chaque unité métrique ?

8. Combien faut-il de mots différents pour exprimer toute la nomenclature du système métrique? Établir cette nomenclature complète.

9. Que veulent dire chacune des expressions suivantes :

Décamètre ; Hectogramme ; kilolitre ; Décamètre *carré;* Hectomètre *carré;* décilitre ; décimètre *carré;* mètre *cube;* kilogramme ; myriamètre ; centilitre ; milligramme ; centimètre *cube;* hectare ; centiare ?

10. Exprimer par le mot consacré chacune des quantités suivantes :

100 litres; 10 grammes; 1000 mètres; 10 mètres; un carré de 10 mètres de côté; un cube d'un mètre de côté; un carré d'un hectomètre de côté; 1000 litres; 10 000 mètres; la 10ᵉ partie d'un gramme; la 100ᵉ partie d'un franc; la 1000ᵉ partie d'un mètre; la 100ᵉ partie d'un litre; un carré d'un dixième de mètre de côté; un cube d'un centimètre de côté.

11. Qu'appelle-t-on mesures effectives?

12. Pourquoi la loi permet-elle l'usage des *doubles et des moitiés* des unités métriques, de leurs multiples, et de leurs sous-multiples décimaux?

13. Dresser la liste des mesures effectives de longueur.

14. Dresser la liste des mesures effectives de volume.

15. Dresser la liste des mesures effectives de capacité.

16. Dresser la liste des mesures effectives de poids.

17. Dresser la liste des pièces de monnaie.

18. Indiquer quelques instruments dont l'usage est nécessaire pour déterminer certaines quantités, telles que la chaleur, qu'on ne peut évaluer avec les mesures métriques.

19. Quelle unité doit-on choisir lorsqu'on a à déterminer :

1° Le poids d'un pain de sucre?

2° La longueur d'une pièce d'étoffe?

3° L'épaisseur d'une feuille de carton?

4° Le contour d'un terrain?

5° La capacité d'une fiole?

6° Le volume de l'air contenu dans une chambre?

7° La valeur d'un litre de blé?

8° Le volume d'une bûche de bois?

9° La longueur d'une règle d'écolier?

10° Le poids d'une lettre ordinaire?

20. Résumer tous les avantages qui paraissent résulter de l'adoption du système métrique en France.

NOVEMBRE.

MESURES DE LONGUEUR.

Le mètre; ses multiples et ses sous-multiples décimaux. — Une longueur étant exprimée en mètres, en décimètres, en centimètres, etc., la rapporter à une autre unité de longueur. — Valeur en mètres d'un degré du méridien, de la lieue de poste et de la lieue commune ou de 25 au degré. — Problèmes d'application.

21. Ecrire le nombre 7 kilomètres, en prenant successivement comme unité le mètre, l'Hectomètre; le Décamètre, le décimètre.

22. Ecrire le nombre 3 Décamètres en prenant successivement comme unité le mètre, le centimètre, l'Hectomètre, le kilomètre.

23. Ecrire 5748 mètres en prenant successivement comme unité le kilomètre, le Décamètre, l'Hectomètre, le décimètre, le millimètre.

24. Réduire en mètres et additionner les nombres suivants :

5 Décamètres; 6 Hectomètres, 9 Décamètres; 72 mètres; 82 Hectomètres; 3 kilomètres.

25. Faire l'addition suivante :

$$(4^{km}\ 6^{Hm}\ 9^{Dm}\ 7^{m}) + (24^{Hm}\ 89^{m}) + (8^{km}\ 7^{Dm}6^{m}) + (7^{Mm}\ 8^{Hm}\ 5^{Dm}\ 6^{m}).$$

26. Additionner les nombres suivants et exprimer le résultat en mètres :

$$92^{km}\ 7^{Dm}\ 5^{m}\ ;\ 38^{Hm}\ 87^{m}\ ;\ 2^{Mm}\ 6^{km}\ 36^{Dm}\ ;\ 85^{Hm}\ 9^{m}\ ;\ 6^{km}\ 7^{H}$$
$$28^{m}\ ;\ 3857^{Dm}.$$

7. Exprimer en mètres le résultat de l'addition suivante :

$$26^{Hm},5 + 3^{km},82 + 9^{Dm},8 + 7^{km},04.$$

28. Faire l'addition suivante et exprimer le total en Hectomètres :

$$(58^{km}\ 7^{Hm}\ 5^{Dm}) + (872^{Hm}\ 9^{m}) + (2^{km}\ 63^{Dm}\ 6^{m}) + (7^{Mm}$$
$$9^{km}\ 38^{m}).$$

29. Faire l'addition suivante et exprimer le total en centimètres, puis en Décamètres et en Hectomètres.

$$2^{Dm},056 + 4^{km},832 + 5^{Hm},637 + 2^{m},85 + 72^{Hm},052.$$

30. Exprimer en mètres le total des nombres suivants :

$$23^{km}\ 7^{Dm}\ 6^{m}\ 3^{dm}\ ;\ 52^{Hm}\ 5^{m}\ 9^{cm}\ ;\ 634^{Dm},\ 83^{Hm}\ ;\ 532^{m}\ 83^{mm}\ ;$$
$$87^{Hm}\ 3^{Dm}\ 8^{cm}.$$

31. Faire l'addition suivante et exprimer le total en décimètres, puis en Hectomètres :

$$23^{Hm},834 + 8^{Hm}\ 5^{m},47 + 5^{km}\ 9^{Hm},849 + 64^{m},285$$
$$+ 3^{Dm}\ 65^{cm},8.$$

32. Faire le total des nombres suivants et exprimer le résultat en centimètres, puis en Décamètres :

$$384^{cm}; \quad 2^{m}\ 6^{cm}\ 7^{mm}; \quad 52^{cm}\ 8^{mm}; \quad 3^{Dm}\ 6^{m}\ 39^{cm}; \quad 24^{dm}\ 7^{cm};$$
$$8^{Hm}\ 9^{m},37.$$

33. Une rue est formée de trois tronçons ayant les longueurs suivantes :

$$28^{Dm}\ 78^{dm}; \quad 5^{Hm}\ 5^{m}\ 9^{dm}; \quad 488^{m},5.$$

Calculer, en Hectomètres, la longueur totale de cette rue.

34. De 7 Hectomètres 8 mètres, retrancher $68^{Dm}\ 6^{m}$ et exprimer le reste en mètres.

35. Faire la soustraction suivante et exprimer le reste en Décamètres :

$$(37^{km}\ 5^{Hm}\ 87^{dm}) - (294^{Hm}\ 68^{m}).$$

36. Trouver, en décimètres, l'excès de 8 Hectomètres sur $37^{Dm}\ 85^{cm}$.

37. Exprimer en centimètres la différence entre 98^{Dm} $76^{dm}\ 5^{mm}$ et $1596^{m}\ 6^{cm}$.

38. Calculer l'expression suivante et donner le résultat en mètres, puis en Hectomètres.

$$(3^{km}\ 7^{Hm}\ 38^{dm}) + (52^{Hm}\ 9^{m}\ 6^{mm}). - (7^{km}\ 3^{Dm}\ 6^{cm}).$$

39. On attache bout à bout la ficelle de deux pelotes ayant l'une $52^{m},05$ et l'autre $38^{m}\ 9^{cm}$. Le nœud faisant perdre 45^{mm}, quelle longueur de ficelle obtient-on ?

40. Le diamètre de la pièce de 1 franc est de 23 millimètres, et celui de la pièce de 2 francs est de 27 millimètres. Quelle longueur obtiendrait-on en plaçant en contact sur une ligne droite 20 pièces de 1 franc et 20 pièces de 2 francs?

41. Trois pièces de toile ont les longueurs suivantes : la 1re $53^m,8$; la 2e 4 mètres et demi de moins que la 1re, et la 3e 37 décimètres de plus que la 2e. Calculer la longueur totale de ces trois pièces et leur valeur totale à raison de 2 francs le mètre.

42. Quatre personnes achètent en commun une pièce de soie de 65 mètres de longueur. La 1re en prend $2^{Dm}5^{dm}$; la 2e 5 mètres de moins ; la 3e 23 décimètres de plus que la 2e. Quelle est la part de la 4e personne, et combien chacune doit-elle payer si le mètre de soie revient à $5^f,50$?

43. Une pièce de ganse avait 90 mètres de long; on en a prélevé 35 coupons de chacun $1^m,25$. Quelle est la longueur du reste?

44. Un train devait parcourir 35 Myriamètres et demi; il a déjà franchi une distance de 1098 Hectomètres. Quelle distance lui reste-t-il à parcourir?

45. Une pièce de coutil avait $48^m,2$ de long ; on en a vendu d'abord les 0,2, puis les 0,4. Quelle est, à raison de $1^f,35$ le mètre, la valeur du reste?

46. Deux rues ont : l'une $3^{km}7^{Dm}8^m$ de long ; l'autre les 0,85 de la longueur de la précédente, plus 6 Hectomètres. Calculer en Hectomètres la longueur de la seconde rue.

47. On arrive au sommet d'un édifice par un escalier composé de 215 marches de chacune 18 centimètres de hauteur. Calculer la hauteur de l'escalier.

48. Un tronc d'arbre a été débité en 18 morceaux dont 17 avaient chacun 45 centimètres de longueur et le 18e 5 décimètres et demi. Quelle était la longueur du tronc d'arbre?

49. Un homme parcourt $5^{Dm}8^{dm}$ par minute. Quel chemin pourra-t-il faire en un quart d'heure?

50. Une rue a $1^{km}5^{Dm}$ de longueur. Les 0,6 sont pavés et le reste est bitumé. Le pavage revenant à 150 francs et le bitumage à 220 francs par mètre de longueur, quelle a été la dépense totale pour l'établissement de la chaussée?

51. Faire le total des quantités représentées par les mesures effectives de longueur.

52. Calculer l'expression suivante :

$$[(7^{Dm}8^{dm}5^{mm}) - (17^{Dm}8^{cm})] \times 15,3.$$

53. Deux métiers peuvent donner : l'un $7^{Dm}5^{dm}$ de toile en 5 heures, et l'autre 37 mètres et demi en 3 heures. 1° Combien chaque métier peut-il donner de mètres de toile par heure? 2° combien, en 8 heures, pourraient-ils fournir ensemble de pièces de toile de chacune $53^{m},20$ de longueur?

54. Calculer le prix de 90 centimètres de calicot à $0^f,95$ le mètre.

55. Le rayon terrestre vaut 6366 kilomètres ; la distance de la Terre au Soleil est de 24 096 rayons terrestres, et celle de la Terre à la Lune est de 60 rayons terrestres. Évaluer en Myriamètres les distances exprimées en rayons terrestres.

56. Un train parcourt $38^{km}7^{Dm}$ par heure. Quelle sera à raison de $0^f,28$ par kilomètre la dépense de combustible pour un trajet de 5 heures et demie?

57. Un terrain rectangulaire a $27^{Dm}8^{dm}$ de longueur et $1^{Dm}6^{m}$ de largeur. Quel en est le contour en mètres?

58. Un pont a $1^{Dm},05$ de longueur. Sur chaque côté sont installées, le long du parapet, des bouquetières occupant chacune une place d'une longueur de 3 mètres. Combien y a-t-il de places à louer sur les deux côtés?

59. Calculer en mètres la longueur d'un degré du méridien, sachant qu'il y a 90 degrés du pôle à l'équateur.

60. Deux villes sont situées sur le même méridien à

14 degrés l'une de l'autre. Quelle est, en kilomètres, la distance entre ces deux villes?

61. Quelle est la latitude d'une ville située à 222 Myriamètres de l'équateur?

62. La France continentale est comprise entre 42°,3 et 51°,08 de latitude septentrionale. Calculer en Myriamètres la distance qui sépare le point le plus septentrional du point le plus méridional de la France.

63. Que vaut en kilomètres la *lieue commune*, ou de 25 au degré?

64. Deux villes sont distantes de 15 lieues et demie (15^l,5); exprimer cette distance en Myriamètres.

65. La *lieue de poste* vaut 2000 toises; la toise valait 1^m,949036. Exprimer en kilomètres la longueur de la lieue de poste.

66. Que vaut en Myriamètres la *lieue marine* ou de 20 au degré?

67. Un train parcourt par heure 47^{km},5. Combien mettra-t-il de temps à franchir une distance de 38 Myriamètres?

68. L'ancienne unité de longueur était la toise qui équivalait à 1^m,949036; elle se subdivisait en 6 pieds, le pied en 12 pouces, le pouce en 12 lignes. Calculer en centimètres et en millimètres la longueur du pied, du pouce et de la ligne.

69. Une salle a 14^m,6 de longueur, 10^m,05 de largeur et 5^m,30 de hauteur. Quelle est la longueur totale des arêtes intérieures de cette salle?

70. On a fabriqué en fil de fer un décimètre cube divisé intérieurement en 1000 centimètres cubes. Quelle longueur totale de fil de fer a-t-on employée pour construire ce cube?

DÉCEMBRE.

MESURES DE SUPERFICIE.

Définition du mètre carré. — Mètre carré, ses multiples et ses sous-multiples. — Are: son multiple et son sous-multiple. — Rapport entre les mesures de superficie proprement dites et les mesures agraires. — Une surface étant exprimée au moyen d'une unité superficielle, la rapporter à une autre unité.

MESURES DE SURFACE PROPREMENT DITES.

71. Écrire le nombre 8^{Hm^2} en prenant successivement comme unité le Dm^2, le mètre carré, le décimètre carré.

72. Écrire le nombre 534^{Dm^2} en prenant successivement pour unité l'hectomètre carré, le mètre carré, le décimètre carré.

73. Réduire 27 486 mètres carrés, 1° en Dm^2; 2° en Hm^2; 3° en dm^2.

74. Que valent, en Dm^2, les 0,25 de 8^{Hm^2}?

75. Réduire en mètres carrés et additionner les nombres suivants :

$$3^{Dm^2} 65^{m^2} ; \quad 8^{Hm^2} 47^{Dm^2} ; \quad 762^{Dm^2} 8^{m^2} ; \quad 27^{Dm^2} 56^{m^2}.$$

76. Faire l'addition suivante :

$$(4^{Hm^2} 63^{Dm^2} 87^{m^2}) + (285^{Dm^2} 9^{m^2}) + (8672^{m^2}) + (71^{Hm^2} 869^{m^2})$$
$$+ (6^{Hm^2} 52^{m^2}).$$

77. Que vaut, en cm^2 la 1000e partie de 27^{Dm^2}?

78. Additionner les nombres suivants et exprimer le résultat en mètres carrés, puis en hectomètres carrés :

$$3^{Hm^2} 9^{Dm^2} 70^{m^2} \; ; \; 58^{Dm^2} 3^{m^2} \; ; \; 248^{Dm^2} 15^{m^2} \; ; \; 2^{km^2} 287^{Dm^2} 29^{m^2} \; ; \; 7^{Hm^2} 569^{m^2}.$$

79. Exprimer en mètres carrés, puis en Hm^2 le résultat de l'addition suivante :

$$329^{Dm^2},64 + 5^{Hm^2},875 + 964^{Dm^2},3 + 2^{km^2},059 + 8728^{m^2} + 236^{Hm^2},926.$$

80. Faire l'addition suivante et exprimer le total : 1° en Dm^2 ; 2° en Hm^2 ; 3° en dm^2 :

$$25^{Dm^2} 56^{m^2} 43^{dm^2} + 2^{Hm^2} 689^{m^2} 5^{dm^2} + 1^{km^2} 276^{Dm^2} 196^{dm^2} + 245^{Hm^2} 69^{m^2} 8^{dm^2}.$$

81. Additionner les nombres suivants et exprimer le résultat en centimètres carrés, puis en mètres carrés :

$$3^{m^2},456 \; ; \; 0,25 \text{ de } Dm^2 \; ; \; 4^{Dm^2} \text{ et demi} \; ; \; 24^{m^2} 5^{dm^2} \text{ et demi} \; ; \; 38^{dm^2},5.$$

82. Combien y a-t-il de Dm^2 dans le produit de 729^{dm^2} par 534 ?

83. Exprimer en dm^2, puis en Dm^2, le total des nombres suivants :

$$47^{Dm^2},045 \; ; \; 272^{m^2},009 \; ; \; 4^{Hm^2},0603 \; ; \; 9^{km^2},5 \; ; \; 0^{Hm^2},00682 \; ; \; 47^{cm^2}.$$

84. Quel est l'excédant de $3^{Hm^2},058$ sur $49^{Dm^2} 6^{m^2}$?

85. Deux terrains ont ensemble une superficie de $8^{Hm^2} 7^{Dm^2}$. L'un de ces terrains a $352^{Dm^2} 9^{m^2}$ de surface ; quelle est, à raison de $3^{fr},50$ le mètre carré, la valeur de chacun ?

86. Trois terrains ont : le 1ᵉʳ $247^{Dm^2} 8^{m^2}$; le 2ᵉ $0^{Hm^2},5$ de moins que le précédent ; le 3ᵉ 265^{m^2} de plus que le 2ᵉ.

Calculer leur valeur totale à raison de $12^{fr},75$ le mètre carré.

87. Lorsque 285 mètres carrés d'un terrain sont payés 1026 francs, quel est le prix de l'Hectomètre carré et du Décamètre carré ?

88. Deux prairies sont achetées pour la même somme. La première, qui a une superficie de $2^{Hm²}$ 45 ^{Dm²} revient à $0^{fr},90$ le mètre carré. Combien coûte le mètre carré de la seconde, qui a $1950^{m²}$ de moins que la première ?

89. Deux terrains ont ensemble $382^{Dm²}$ $8^{m²}$, et la surface de l'un dépasse celle de l'autre de $0^{Hm²},076$. Calculer la superficie de chaque terrain et sa valeur, à raison de 180 francs le Décamètre carré.

90. Deux jardins ont été achetés pour une somme totale de $1622^{fr},50$, à raison de $2^{fr},50$ le mètre carré. L'un des deux a une surface de $2^{Hm²}$ $7^{m²}$. Calculer la surface de l'autre.

91. Sur un terrain de $37^{Dm²}$, on a construit une maison qui occupe $258^{m²}$, et l'on réserve $105^{m²}$ pour une cour pavée. Le reste sera converti en jardin. Quelle sera la superficie de ce jardin ?

92. Une salle dont la surface était de $207^{m²},50$ a été divisée en 4 parties au moyen de cloisons : la première et la deuxième partie ont chacune une surface de $42^{m²}$ $5^{dm²}$. Calculer la surface de chacune des deux autres qui sont égales.

93. On a acheté pour une somme de 9600 francs les 0,58 d'une propriété de $1^{Hm²},075$. A combien revient le Dm² de terrain ?

94. Trois terrains ont été vendus à raison de $2^{fr},25$ le M², pour une somme totale de $13\,539^{f},60$. Sachant que le premier a une surface de $12^{Dm²}$ $390^{dm²}$, et le deuxième une surface de $2164^{m²}$ $9^{dm²}$, trouver en Dm² la superficie du troisième.

95. Combien faudrait-il de jours pour défricher $4^{Hm²}$

96^{Dm²} 80^{m²} de terrain, si l'on peut en défricher par jour 6^{Dm²},9?

96. Lorsque 2^{Dm²},72 de terrain valent 367^{fr},20, quel est le prix du mètre carré? Combien payerait-on pour 1^{Hm²},076?

97. Combien faudrait-il de carreaux de 285^{cm²} de surface pour carreler une chambre ayant 8 mètres de longueur et 5^{m},70 de largeur? Quelle serait la dépense à raison de 27 francs le mille de carreaux tout posés?

98. On veut faire paver une cour de 9^{m},6 de longueur et 7^{m},5 de largeur avec des pavés carrés ayant 2 décimètres de côté. Combien faudra-t-il de pavés? Quelle sera la dépense totale, sachant que les pavés coûtent 175 francs le mille, et que la main-d'œuvre revient à 9 francs par mètre carré?

99. Une chambre a 6^{m},8 de long, 5^{m},1 de large et 3^{m},20 de haut. Élle contient deux fenêtres de chacune 2^{m},10 de haut sur 1^{m},30 de large, et une porte de 2^{m},10 de haut sur 1^{m},05 de large. Les murs de cette chambre ont été peints à raison de 1^{fr},20 le mètre carré; le plafond et la porte à raison de 1^{fr},35 le mètre carré; la peinture des fenêtres et de leurs embrasures a coûté 2^{fr},50 pour les deux. A combien s'élève la dépense totale?

100. Un terrain de 3^{Hm²} 872^{m²} a produit 109 Hectolitres de blé, vendus 24^{fr},80 l'hectolitre. Quelle valeur en blé produirait le même terrain s'il avait 25^{Dm²} de plus en superficie?

MESURES AGRAIRES.

101. Écrire le nombre 4 Hectares en prenant successivement comme unité l'Are et le centiare.

102. Réduire successivement en Hectares et en centiares le nombre 37 Ares.

103. Réduire 452 Ares : 1° en Hectares; 2° en centiares.

104. Réduire 384 centiares : 1° en Ares ; 2° en Hectares.

105. Réduire en Hectares, puis en centiares le nombre 837 A., 52.

106. Écrire le nombre 2^{Ha},5 en prenant successivement comme unité l'Are et le centiare.

107. Réduire en Ares et additionner les nombres suivants :

8 Hectares 72 Ares ; 15 Hectares 9 Ares ; 2^{Ha},35 ; 48^{Ha},2.

108. Faire l'addition des nombres suivants et exprimer le total en centiares :

4 ares 27 centiares ; 62 Ares 8 centiares ; 9^A,46 ; 5^A,03 ; 12^A,5 ; 37^A,63.

109. Exprimer en Hectares le total des nombres suivants :

382^A,7 ; 2 Hectares 17 Ares 45 centiares ; 8376^A,96 ; 969^A,2 ; 5^{Ha},237.

110. Additionner les nombres suivants et exprimer le total : 1° en Ares ; 2° en Hectares ; 3° en centiares :

287 ares 9 centiares ; 48 276 centiares ; 1 Hectare 8 Ares 7 centiares ; 5874 Ares, 63 centiares ; 0,7 d'Are ; 0,483 d'Hectare.

111. De 8 Hectares retrancher 732 Ares et exprimer le reste en Hectares.

112. Faire la soustraction suivante, et exprimer le résultat en Ares :

$$8^H,385 - 567 \text{ ares } 2 \text{ centiares.}$$

113. Exprimer en centiares l'excès de 3 Ares et demie sur 0^{Ha},029.

114. On a acheté deux propriétés ayant comme surfaces : l'une 8 Hectares 17 Ares 25 centiares ; l'autre 582^A,6. L'Are étant estimé 280 francs, quelle somme totale a-t-on déboursée ?

115. Deux champs ont ensemble $1^{\text{Ha}},075$ de superficie. La surface de l'un étant de 45 Ares 8 centiares,
trouver celle de l'autre, et la valeur de chacun à raison
de 105 francs l'Are.

116. Une forêt avait 38 Hectares 5 Ares de superficie.
On en a déboisé une 1re fois $987_{\text{A}},6$ et une 2e fois 6 Hectares 8 Ares. Quelle est la superficie actuelle de la forêt?

117. Un terrain d'une superficie totale de 3 Hectares
7 Ares est divisé en 3 cultures, savoir : $67^{\text{A}},6$ en blé,
83 Ares 58 centiares en avoine et le reste en vigne.
Trouver la superficie de la partie plantée en vigne.

118. Trois terrains ont ensemble $1^{\text{Ha}},087$. Le 1er a
39 Ares 5 centiares et le 2e 642 centiares de moins que le
1er. Calculer la superficie du 3e et sa valeur à raison de
7420 francs l'Hectare.

119. Quatre frères se partagent une terre. Le 1er en
prend 1 Hectare et demi ; le 2e, 68 Ares de moins ; le 3e,
187 Ares de moins que les deux premiers ensemble ; le
4^{e} $0^{\text{Ha}},09$ de plus que le 3e. Calculer la part de chacun et
la superficie totale de la terre.

120. On avait acheté une 1re fois 2 Hectares 7 Ares
de terrain à raison de 129 francs l'Are, et une 2e fois
$3^{\text{Ha}},804$ à raison de 150 francs l'Are. On a revendu le tout
à raison de 210 francs l'Are. Quel bénéfice a-t-on
réalisé?

121. Un terrain avait été acheté à raison de 25 900
francs l'Hectare : on l'a revendu à raison de 313 francs
l'Are et l'on a gagné ainsi $5726^{\text{f}},70$. Quelle est la surface
du terrain 1° en ares ; 2° en Hectares ; 3° en centiares ?

122. Combien y a-t-il de centiares dans les $0,45$ de
2 Hectares et demi?

123. Une propriété avait une superficie totale de
1 Hectare 8 Ares. On en a vendu $35^{\text{A}},6$ et l'on a divisé
le reste en un certain nombre de lots égaux de $7^{\text{A}},24$
de superficie. Quel est ce nombre de lots?

RAPPORTS ENTRE LES MESURES DE SUPERFICIE PROPRE-
MENT DITES ET LES MESURES AGRAIRES.

124. Réduire 4 Hectomètres carrés : 1º en Hectares ;
2º en Ares ; 3º en centiares.

125. Additionner les nombres suivants après les
avoir réduits en Ares :

$$27^{Dm^2},85 ; 346^{m^2},7 ; 625^{Dm^2},374 ; 1^{Ha},275.$$

126. Faire l'addition suivante et exprimer le résultat
en Hectares :

$$24^{Hm^2},62 ; 625^{Dm^2},06 ; 328^A,5 ; 6^{Hm^2} 25^{Dm^2} 19^{m^2}.$$

127. Réduire les nombres suivants en mètres carrés,
puis les additionner :

$$3^A,64 ; 638 \text{ centiares} ; 24 \text{ Ares } 6 \text{ centiares} ;$$
$$28\,576 \text{ centiares}.$$

128. Exprimer en Ares le total des nombres suivants :

$$2^{Ha},365 ; 4^{Dm^2} 26^{m^2} ; 765 \text{ centiares} ; 287^{Dm^2}6^{m^2} ; 524^{m^2},4 ;$$
$$6 \text{ Hectares } 139 \text{ centiares}.$$

129. De $2^{Ha},47$ retrancher 158^{Dm^2}, et exprimer le
reste : 1º en Dm² ; 2º en Hectares.

130. Quel est l'excès de $3^A,5$ sur 247 mètres carrés ?

131. Lorsque le mètre de terrain vaut $0^f,85$, trouver le
prix de $3^A,45$ de ce terrain.

132. On a acheté 634 mètres carrés de terrain pour
2087 francs. A combien reviennent : 1º le mètre carré ;
2º l'Are ; 3º l'Hectare ?

133. Une propriété achetée à raison de 64 200 francs
l'Hectare a été payée 304 950 francs. Quelle en est la superficie : 1º en Hectares ; 2º en Ares ; 3º en Hectomètres
carrés ?

134. Une prairie avait une contenance de 287 Ares
95 centiares. On a vendu $1^{Hm^2},39$. Calculer la valeur du
reste à raison de 80 francs l'Are.

135. Une propriété d'une superficie totale de 8 Hectares 4 Ares 45 centiares, comprend 2^{Hm^2} 8^{Dm^2} de
bois, $387^{\text{A}},6$ de prairies, et le reste du terrain est converti en parc. Calculer la superficie de ce parc.

136. Un propriétaire a vendu, à raison de 360 francs
l'Are, une terre dont la superficie est de 4^{Hm^2} 635^{m^2}.
Avec l'argent qu'il a reçu, il a acheté un autre terrain
qui lui revient à 27 000 francs l'Hectare. Calculer : 1° en
Ares, 2° en Hectomètres carrés, 3° en Hectares, la superficie de ce terrain.

137. J'avais une terre de $45^{\text{A}},8$ de superficie que
j'avais payée $0^{\text{f}},65$ le mètre carré ; j'en ai revendu les
0,15 à raison de 80 francs l'Are et les 0,4 du reste à raison de 10 000 francs l'Hectare. A combien me revient l'Are
de ce que je possède encore ?

138. Deux frères doivent se partager une terre dont
la superficie est de 2^{Hm^2} 6^{Dm^2} 7^{m^2} ; et il revient à l'aîné
80 Ares, 5 de plus qu'à l'autre. Quelle doit être la
part de chacun ?

139. Combien y a-t-il de centiares dans les 2/7 d'un
terrain de 4^{Hm^2} $7^{\text{Dm}^2},4$?

140. $3^{\text{Dm}^2},8$ de terrain ont coûté $672^{\text{f}},60$. A combien reviendraient 5 Hectares et demi du même terrain ?

141. Une propriété d'une superficie totale de 7 Hectares $5^{\text{A}},7$ avait été payée 56 000 francs. On la revend
en 3 lots : le 1er, de $225^{\text{A}},9$, à raison de $1^{\text{f}},20$ le mètre
carré ; le 2e, de 31 504 mètres carrés, à raison de
105 francs l'Are ; le 3e, composé du reste, à raison de
10 800 francs l'Hectare. Quel bénéfice réalisera-t-on ?

142. On offre à une personne qui vient de payer
900 francs un terrain de $5^{\text{A}},6$ de le lui échanger pour
un autre terrain contenant 107^{m^2} de plus. Que vaut
1 mètre carré de ce dernier terrain ?

143. Un terrain a $87^{\text{m}},5$ de longueur et $41^{\text{m}},6$ de
largeur. Une personne l'achète pour 4600 francs, puis en

revend les 0,6 à raison de 0ᶠ,95 le mètre carré, et le reste à raison de 145 francs l'Are. Quel est le bénéfice de cette personne ?

144. Un laboureur passe sur un champ de 69 mètres de long et 27ᵐ,4 de large un rouleau dont la longueur est de 1ᵐ,40. Sachant qu'il avance de 35 mètres par minute, calculer le temps qu'il lui faudra pour rouler tout le champ.

145. Une prairie rectangulaire a une longueur de 258 mètres, et un périmètre de 864 mètres. On demande la superficie et le prix à raison de 2400 francs l'Hectare.

146. Un cultivateur a 3 vignes : la 1ʳᵉ a 3 Hectares 18ᴬ,05 ; la 2ᵉ a 5482 mètres carrés de moins que la 1ʳᵉ ; la 3ᵉ a 2ᴴᵃ²,647 de moins que les deux autres ensemble. Calculer : 1° la superficie totale des trois vignes ; 2° la quantité de litres que peut fournir la récolte du raisin à raison de 1ˡⁱᵗʳᵉ,5 par cep et de 3 ceps par mètre carré.

JANVIER

MESURES DE VOLUME.

Définition du cube. — Mètre cube et ses sous-multiples.

Stère, Décastère et décistère. — Rapports entre les mesures de volume proprement dites et les mesures pour les bois de chauffage et de construction.

MESURES DE VOLUME PROPREMENT DITES.

147. Écrire le nombre 3ᵐᶜ,867 en prenant successivement comme unité le dm³ et le cm³.

148. Combien y a-t-il de mètres cubes dans 5468 ᵈᵐ³ ?

149. Réduire $0^{m^3},65$: 1° en $^{dm^3}$; 2° en $^{cm^3}$.

150. Combien y a-t-il de $^{dm^3}$ dans 75 634 $^{cm^3}$?

151. Réduire $23^{dm^3},74$: 1° en $^{m^3}$; 2° en $^{cm^3}$.

152. Additionner les nombres suivants et exprimer le total : 1° en m^3 ; 2° en dm^3 :

$$15^{m^3},857 \; ; \quad 3^{m^3}483^{dm^3} ; \quad 0^{m^3},069 \; ; \quad 56^{m^3}84^{dm^3} ; \quad 2074^{dm^3} ;$$
$$3^{m^3},08.$$

153. Exprimer en cm^3 le total des nombres suivants :

$$5^{dm^3},857 \; ; \; 3^{dm^3},053 \; ; \; 0^{m^3},687 \; ; \; 5^{dm^3},8^{cm^3}, \; 83^{dm^3},05 \; ;$$
$$84 \text{ centièmes de } dm^3.$$

154. Quel est l'excédant de $3^{dm^3},07$ sur 2594^{cm^3} ?

155. Calculer l'expression suivante :

$$(8^{m^3},06 + 376^{dm^3}) - (4638^{dm^3} + 0^{m^3},87).$$

156. Que valent en décimètres cubes les 0,45 de $7^{m^3},5$?

157. Que valent en centimètres cubes les 0,3 de $4^{dm^3},85$?

158. Faire la multiplication suivante et donner le résultat : 1° en centimètres cubes ; 2° en millimètres cubes :

$$(2^{dm^3} 86^{cm^3}) \times 0,55.$$

159. Exprimer en mètres cubes le produit de la multiplication suivante :

$$(2^{dm^3} 8^{cm^3}) \times 37\,000.$$

160. De combien de centimètres cubes les 0,25 de $45^{dm^3},8$ dépassent-ils les 0,8 de 2705^{cm^3} ?

161. Faire l'addition suivante et exprimer le résultat : 1° en décimètres cubes ; 2° en millimètres cubes.

$$(3^{dm^3},8 : 4) + (764^{cm^3} : 5) + (3^{cm^3},7 \times 120)$$
$$+ (17^{dm^3} 34^{cm^3} : 25) + (296^{cm^3},3 \times 5).$$

162. Trois troupes d'ouvriers ont creusé : la première un fossé de $32^{m^3} 178^{dm^3}$; la deuxième un fossé de $54^{m^3} 82^{dm^3}$, et la troisième un autre fossé de 41^{m3},37. Quelle somme est-il dû à l'entrepreneur qui les occupe, s'il demande 0^{fr},85 par mètre cube?

163. Pour le pavage d'une rue, on a employé le sable apporté par cinq tombereaux : le premier en avait fourni 1^{m3} 875^{dm3}; le deuxième 2^{m3},04; le troisième 1^{m3},79; le quatrième 1092^{dm3}; le cinquième 2^{m3} 35^{dm3}. On demande le volume total du sable employé.

164. Combien a-t-on dû payer, à raison de 17^{fr},50 le mètre cube, pour quatre tas de moellons ayant : le premier 8^{m3},47 ; le deuxième 11^{m3} 85^{dm3}; le troisième 7^{m3},04; le quatrième 14^{m3} 5^{dm3}?

165. Dans un vase plein d'eau, on plonge un solide dont le volume est de 189^{cm3} et qu'on y laisse; puis un deuxième, dont le volume est de 0^{dm3},207, et qu'on y laisse encore ; enfin un troisième pendant l'immersion duquel on constate que l'eau sortie du vase représente un volume de 1^{dm3},687 pour les trois opérations; quel est le volume du troisième solide : 1° en centimètres cubes; 2° en décimètres cubes.

166. Avec 1^{m3},47 de terreau, combien pourrait-on emplir de pots à fleurs d'une contenance de 1055^{cc}?

167. On creuse un fossé de 14^m de long sur 4^m,2 de large, et 1^m,4 de profondeur, et la terre enlevée augmente des 0,35 de son volume primitif. Calculer le volume de la terre enlevée.

168. Un bloc de savon de Marseille d'un volume de 2^{m3} 70^{dm3} est divisé en pains de 25^{cm} de long sur 12^{cm} de large et autant d'épaisseur. On demande le volume de chaque pain de savon, et le nombre de pains qu'on pourra retirer du bloc entier.

169. On veut transporter un tas de décombres de 372^{m3}, avec des tombereaux qui peuvent en prendre chaque fois 1^{m3} 95^{dm3}. Combien faudrait-il payer, à raison de 0^{fr},45 par voyage d'un tombereau?

170. Un réservoir dont les dimensions sont $3^m,4$, $2^m,5$ et $2^m,4$ est plein d'eau jusqu'aux 0,6 de sa hauteur. Combien contient-il de décimètres cubes d'eau ?

171. Un mur en briques a un volume total de 8^{m^3} $78^{dm^3},4$. Le mortier compte pour les 0,08 de ce volume ; chaque brique a 25 centimètres de long sur 11 centimètres de large et 8 centimètres d'épaisseur. D'après ces données, calculer le nombre des briques qui entrent dans ce mur.

MESURES POUR LES BOIS DE CHAUFFAGE ET DE CONSTRUCTION.

172. Réduire 37 stères : 1° en décistères ; 2° en Décastères.

173. Additionner les nombres suivants et donner le résultat en stères :

$$7^{Dst},85 \; ; \; 394^{dst} \; ; \; 5^{st},8 \; ; \; 87^{st} \; 9^{dst} \; ; \; 15^{Dst},07.$$

174. Exprimer en Décastères le total des nombres suivants :

$$437^{st} \; ; \; 8274^{dst} \; ; \; 24^{st},6 \; ; \; 382^{st} \; ; \; 29^{Dst},64.$$

175. Que valent ensemble, à raison de 38 francs le stère, trois tas de bois contenant : le premier 3^{Dst} 8st ; le deuxième 27st 9^{dst} ; le troisième 431^{dst} ?

176. Une charpente, achetée à raison de 50 francs le stère, a été payée 275 francs. Quel en est le volume à 1 décistère près ?

177. Lorsque 3 Décastères de bois valent 805 francs, quel est le prix du stère ? de 9 décistères ; du double Décastère ?

178. Calculer à raison de $31^{fr},50$ le stère la valeur de 4 doubles Décastères de bois ?

179. Le double stère valant 59 francs, calculer le prix de 8^{dst},5 de bois.

180. On a acheté 47st,5 de bois à raison de 640 francs le double Décastère; combien a-t-on dû payer, sachant que le marchand a fait une remise égale au 0,05 du prix d'achat?

181. Un tas de bois, acheté à raison de 14^{fr},50 le demi-stère, a été payé 580 francs. Combien contenait-il de doubles stères?

RAPPORTS ENTRE LES MESURES DE VOLUME PROPREMENT DITES ET LES MESURES POUR LES BOIS DE CHAUFFAGE ET DE CONSTRUCTION.

182. Réduire 23^{m3},57 : 1° en stères; 2° en décistères; 3° en doubles décistères; 4° en Décastères; 5° en doubles Décastères.

183. Additionner les nombres suivants après les avoir réduits en stères :

47^{m3},38 ; 2489^{dm3} ; 2^{m3} 72^{dm3} ; 746^{dm3} ; 8^{Dst},5 ; 64st,9 ; 272^{dst}.

184. Faire le total des nombres suivants, et l'exprimer en mètres cubes :

43st,6 ; 2^{Dst},45 ; 39st8^{dst} ; 474^{dst} ; 8^{m3} 64^{dm3} ; 2467^{dm3} ; 15st8^{dst}.

185. Faire l'addition suivante et exprimer le total en décimètres cubes :

$$3^{st},45 + 128^{dst} + 3^{Dst},962 + 0^{m3},58 + 7^{st},62 + 387^{dst} + 0^{Dst},746.$$

186. Un tas de bois a un volume de 23^{m3},64; quel en est le prix à raison de 37^{f},50 le stère?

187. On achète à raison de 470 francs le double Décastère un tas de bois de 18^{m3} 59^{dm3}. Combien doit-on payer?

188. Trois tas de bois ont : le 1er, 15^{m3},80^{dm3}; le 2e,

5st,6 de moins ; le 3e, 34 décistères de plus que le second. Calculer leur valeur totale à raison de 320 francs le Décastère.

189. On achète à raison de 785 francs le double Décastère un tas de bois ayant les dimensions suivantes : 12^m,50, 1^m,20 et 1^m,40. Combien devra-t-on payer?

190. Une poutre de 2^{m3} 56^{dm3} a été achetée à raison de 65 francs le stère. Combien l'a-t-on payée?

191. Un tas de bois acheté à raison de 127 francs le demi-Décastère a été payé 101^f,60. Combien contenait-il de décimètres cubes?

192. Un marchand a acheté 26^{m3},5 de bois à 38 francs le stère ; 5^{Dst},3 à 42 francs le stère et 2 doubles Décastères à 44 francs le stère. Il veut garder pour lui 15 stères de ce bois et vendre le reste 200 francs de plus que le tout ne lui a coûté. Combien devra-t-il vendre le stère de ce bois?

193. Combien pourrait-on mettre de demi-Décastères de bois dans un bûcher ayant comme dimensions 6^m,7, 5^m,2, et 2^m,5 ?

194. Le bois de Paris ayant 1^m,14 de longueur, quelle hauteur doit-on donner au stère pour lui conserver sa largeur de 1 mètre?

195. On a acheté à raison de 38 francs les 1000 kilogrammes un tas de bois de 7^m,8 de long sur 2^m,25 de large et 1^m,60 de hauteur. Le Décastère de ce bois pesant 4850 kilogrammes, combien a-t-on dû payer?

196. Deux tas de bois ont ensemble 27^{m3} 38^{dm3} de volume, et l'un contient 47 décistères de plus que l'autre. Quelle est la valeur de chaque tas de bois si le demi-Décastère est payé 150 francs ?

197. Un convoi de bois de chêne pèse 38600 kilogrammes. Quelle en est la valeur à raison de 980 francs le double Décastère sachant qu'un mètre cube de ce bois pèse 835 kilogrammes ?

198. On a évalué à 473ᶠ,025 le prix d'un tas de bois de 5ᵐ,30 de long, sur 2ᵐ,10 de large, acheté à raison de 500 francs le double Décastère. Quelle en est la hauteur?

199. Trois tas de bois ont : le 1ᵉʳ, 45ˢᵗ,8; le 2ᵉ, 5 demi-Décastères de moins que le 1ᵉʳ; le 3ᵉ, 4650 décimètres cubes de plus que la différence entre les volumes des deux précédents. Trouver la valeur de chacun à raison de 28 francs le stère.

200. La coupe d'un Are de taillis a produit 43ˢᵗ8ᵈˢᵗ de bois : que produirait la coupe de 85 mètres carrés?

FEVRIER

MESURES DE CAPACITÉ.

Le litre; ses multiples et ses sous-multiples.—Mesures effectives et mesures fictives.—Problèmes d'application. Rapports entre les mesures de capacité et les mesures de volume.

MESURES DE CAPACITÉ.

201. Écrire le nombre 5 Hectolitres en prenant successivement comme unité le litre, le Décalitre, le centilitre, le décilitre.

202. Réduire 5 Décalitres : 1° en Hectolitres ; 2° en litres ; 3° en centilitres ; 4° en kilolitres.

203. Écrire 6249 litres en prenant successivement comme unité le kilolitre, le Décalitre, le décilitre, l'Hectolitre, le centilitre.

204. Réduire en litres et additionner les nombres suivants :

$$4^{kl}; 3^{Dl} ; 7^{lll} ; 95^{l}; 7^{lll} , 12^{Dl}.$$

205. Faire l'addition suivante et exprimer le total en litres :

$$7^{lll}\ 4^{Dl}\ 9^{l} + 3^{kl}\ 68^{l} + 47^{lll}\ 8^{lit} + 194^{Dl}\ 7^{lit} + 24^{kl}\ 9^{Dl}\ 8^{l}.$$

206. Exprimer en Hectolitres le total des nombres suivants :

$$15^{kl}\ 8^{Hl}\ 9^{l}; 74^{Dl}\ 8^{l}; 96^{lll}\ 6^{l}; 7^{kl}\ 85^{Dl} ; 9^{lll}\ 7^{l}.$$

207. Exprimer en Décalitres le résultat de l'addition suivante :

$$6^{kl}\ 7^{lll}\ 4^{l} + 52^{Dl},8 + 9^{kl},867 + 18^{lll}\ 9^{l} + 1^{Ml}\ 25^{lll}\ 7^{lit}.$$

208. Exprimer en centilitres le total des nombres suivants :

$$4^{l}\ 38^{cl}; 5^{dl},7 ; 6^{l}\ 9^{cl}; 124^{dl},7 ; 6^{l},08; 5^{Dl}\ 8^{l}; 3^{lll}\ 8^{l}\ 5^{dl}.$$

209. Faire l'addition suivante et exprimer le total en décilitres :

$$3^{l},28 + 7^{Dl},862 + 9^{Dl},8 + 7^{dl},3 + 47^{cl},96 + 5^{Dl}\ 8^{dl} + 9^{dl},76.$$

210. Deux fûts de vin contiennent : le premier, $2^{H}\ 8^{l}$, et le deuxième $22^{Dl},6$. Quelle est leur contenance totale en Hectolitres ?

211. On a acheté, à raison de 45 francs l'Hectolitre, deux pièces de vin contenant l'une $2^{lll},25$, et l'autre 14 décilitres de plus. Combien a-t-on dû payer ?

212. Que valent ensemble, à raison de $0^{fr},65$ le litre, deux pièces de vin, dont l'une contient 2ᴴˡ,35, et l'autre 18 litres de moins ?

213. Une personne achète, à raison de 0ᶠʳ,45 le Décalitre, trois sacs de charbon de chacun 1ᴴˡ,2. Combien devra-t-elle payer ?

214. Un cultivateur a vendu 13ᴴˡ,5 de blé à raison de 27 francs l'Hectolitre, et avec la somme qu'il a reçue, a acheté du seigle à 18 francs l'Hectolitre. Combien a-t-il dû recevoir de doubles Décalitres de seigle?

215. Trois fûts de cidre contiennent : le 1ᵉʳ, 5ᴴˡ 9ˡ ; le 2ᵉ, 8ᴰˡ,7 de plus que le 1ᵉʳ ; le 3ᵉ, 45 litres de moins que le 2ᵉ. Calculer 1° la contenance de chaque fût; 2° la contenance totale des 3 fûts : 3° la valeur totale du cidre qu'ils renferment, à raison de 28 francs l'Hectolitre.

216. Combien pourrait-on emplir de bouteilles d'une capacité de 0ˡ,80 avec une pièce de vin de 228 litres?

217. Une pièce de vin contenait 220 litres ; on en a tiré d'abord 4 Décal. et demi ; puis 0,3 d'Hectolitre. Calculer, à raison de 28 francs l'Hectolitre, la valeur du reste.

218 Deux fûts d'alcool, achetés à raison de 240 francs l'Hectolitre, ont été payés ensemble 560ᶠ,40. Sachant que l'un contenait 1ᴴˡ,75 d'alcool, calculer la capacité de l'autre.

219 Un réservoir cylindrique peut contenir 450 litres d'essence minérale ; mais il n'est plein qu'aux 0,65 de sa hauteur. Quelle somme produirait la vente de l'essence qu'il contient, sachant que le double litre vaut 1ᶠ,80?

220. On a acheté les 0,45 d'un sac de haricots de 80 litres pour 16ᶠ,20. Quel est le prix du double Décalitre?

221. Partager 7ᴴˡ 8ᴰˡ de pommes de terre entre deux personnes de manière que l'une en ait 4 doubles Décalitres de plus que l'autre.

222. Un marchand revend à raison de 10 centimes le

petit verre de 18 millilitres de l'eau-de-vie qui lui coûte 2^f,50 le litre. Combien a-t-il gagné quand il a vendu un litre d'eau-de-vie, et combien a-t-il vendu de petits verres ?

223. Lequel est le plus cher de deux vins dont l'un coûte 158^f,50 la pièce de 225 litres, et l'autre 102^f,40 la feuille de 130 litres ?

224. On achète 5 pièces de vin de chacune 225 litres à raison de 42 francs l'Hectolitre ; on paye 25^f,32 de droit d'entrée par Hectolitre et 58 francs de frais de transport et de mise en cave. A combien revient le litre de vin ?

225. Un marchand a acheté 38 Hectolitres de blé à 3^f,25 le double Décalitre, 147 Décalitres à 9^f,50 le demi-Hectolitre, et 840 litres à 21 francs l'Hectolitre. Il mélange le tout et le revend à raison de 21^f,50 l'Hectolitre. Calculer son bénéfice total.

226. Dans un réservoir cylindrique de 1^m,30 de hauteur et de 1500 litres de capacité, on voudrait ne verser que 1200 litres d'eau ; jusqu'à quelle hauteur faut-il emplir le réservoir ?

227. J'avais 3^{hl},5 d'eau-de-vie de marc. J'en ai vendu d'abord 15 Décalitres, puis le reste. Sachant que la 2e vente m'a rapporté 137^f,50 de plus que la 1re, trouver le prix de vente de l'Hectolitre et du litre.

228. On achète, à raison de 0^f,80 le litre, 120 litres de vin en bouteilles de 0^{lit},80. Vérification faite, on s'aperçoit que chaque bouteille contient 3^{cl},5 de moins que la capacité indiquée. A combien revient le litre de vin ?

229. Une pièce de vin de 228 litres est mise en bouteilles de 0^l,75 de capacité ; le cent de bouchons coûte 1^f,50, la pièce de vin a été payée 164^f,80 et le cent de bouteilles coûte 13 francs. A combien reviendra chaque bouteille de vin ?

230. Un marchand achète 12 litres d'absinthe et 15 litres de cognac et paye 92^f,25 pour le tout. Quinze jours après il prend 9 litres d'absinthe et 15 litres de cognac et ne paie plus que 79^f,50. Il vend l'absinthe 0^f,25 les 25 millilitres et le cognac 0^f,15 le verre de 1^{cl},8. Combien gagne-t-il par litre d'absinthe et par litre de cognac?

RAPPORTS ENTRE LES MESURES DE VOLUME ET LES MESURES DE CAPACITÉ

231. Réduire en litres et additionner les nombres suivants : 3$^{dm^3}$,8 ; 4529$^{cm^3}$; 6$^{dm^3}$47$^{cm^3}$; 29456$^{cm^3}$; 12^{l}8^{cl}.

232. Exprimer en décimètres cubes le total des nombres suivants : 7^{lit},45 ; 123^{dl},8 ; 45 centilitres ; 2857$^{cm^3}$; 3^{lit},9^{cl} ; 2^{Dl} 8^{lit}7^{cl}.

233. Exprimer en Hectolitres le total des nombres suivants : 34$^{dm^3}$,62 ; 529^{lit},4 ; 3^{Dl},87 ; 2$^{dm^3}$ 45$^{cm^3}$; 34^{Dl},8^{dl}.

234. Faire l'addition suivante et exprimer le total 1° en litres ; 2° en centimètres cubes ; en Hectolitres :

45$^{dm^3}$18$^{cm^3}$ + 7 doubles Décalitres + 3^{Hl} 8^{dl} + 9^{lit},5 + 23^{Dl} 8^{cl} + 5$^{dm^3}$94$^{cm^3}$.

235. De combien 47 Hectolitres et demi dépassent-ils 1$^{m^3}$,92 ?

236. Exprimer en litres l'excédant de 257 Hectolitres sur 4258$^{dm^3}$,7.

237. Un réservoir de 43^{Hl} 38^{dl} de capacité n'est plein qu'aux 4/5. Combien renferme-t-il de dm^3 d'eau ?

238. Un coffre dont le volume intérieur est de 1$^{m^3}$,74 est plein de blé estimé 23^f,50 l'Hectolitre. Quelle est la valeur du blé que contient ce coffre?

239. Diviser 38^{Hl},7 en deux parts, de façon que l'une contienne 29$^{dm^3}$ de plus que l'autre.

240. Une fontaine peut contenir 45 seaux d'eau de chacun 15^{lit},8 et 3 décilitres en plus. De combien s'en faut-il que son volume intérieur soit égal à 1 mètre cube ?

241. L'eau en se congelant augmente des 0,075 de

son volume. Quelle quantité d'eau obtiendrait-on en faisant fondre un bloc de glace de $4^{dm^3},7$? (Réponse en litres).

242. Deux fontaines donnent : l'une, 538 litres en 2 heures, et l'autre, 726 litres en 3 heures. Si on les fait couler ensemble, combien mettront-elles de temps pour emplir un bassin dont la contenance est de $9^{m^3},75$?

243. Un bassin de $6^{m^3},42$ de volume intérieur a été rempli aux 2/3 par une fontaine en 3 heures et demie. Combien de litres cette fontaine donne-t-elle par heure?

244. Un baquet a une contenance de $89^{lit},6$. Lorsqu'il est rempli exactement d'eau, on y plonge un pavé dont les dimensions sont $1^{dm},8$; $1^{dm},2$ et $1^{dm},4$. Combien reste-t-il de décilitres d'eau dans le baquet ?

245. Un réservoir de $3^m,30$ de long sur $2^m,60$ de large et $2^m,30$ de profondeur est rempli d'eau aux 0,75. Combien faudrait-il y faire arriver d'Hectolitres d'eau pour achever de l'emplir ?

MARS

MESURES DE POIDS.

Le gramme; ses multiples et ses sous-multiples. — Mesures effectives et mesures fictives. — Quintal et tonne métriques. — Problèmes d'application.

246. Écrire le nombre 8 Hectogrammes en prenant successivement comme unité le gramme, le Décagramme, le centigramme, le décigramme.

247. Écrire le nombre 4 Décagrammes en prenant

successivement comme unité le kilogramme, le gramme, l'hectogramme, le centigramme.

248. Réduire 5249 grammes 1° en kilogrammes; 2° en Décagrammes ; 3° en Hectogrammes; 4° en décigrammes ; 5° en milligrammes.

249. Réduire en grammes et additionner les nombres suivants :

7 Hectogrammes; 8 Décagrammes; 5 kilogrammes; 64 grammes; 6 kilogrammes; 83 Décagrammes.

250. Faire l'addition suivante :

$$(5^{Kg}\ 6^{Hg}\ 9^{gr}) + (17^{Hg}\ 8^{Dg}) + (74^{Dgr}\ 9^{gr}) + (65^{Hg}\ 8^{gr}) + (7646^{gr}).$$

251. Additionner les nombres suivants et exprimer le total en grammes :

$$38^{Kg}\ 6^{Dg}\ 9^{gr}\ ;\ 42^{Hg}\ 7^{gr}\ ;\ 4^{Mg}\ 6^{Hg}\ 74^{gr}\ ;\ 452^{Dg}\ 3^{gr}\ ;\ 9^{Kg}\ 63^{gr}.$$

252. Exprimer en grammes le résultat de l'addition suivante :

$$37^{Hg},8 + 4^{kg},54 + 6^{Dg},9 + 8^{kg},07.$$

253. Faire l'addition suivante et exprimer le total en Hectogrammes :

43 kilogrammes 8 Hectogrammes 9 Décagrammes + 482 Hectogrammes 6 grammes + 5 kilogrammes 82 Décagrammes 7 grammes + 8 Myriagrammes 6 Hectogrammes 92 grammes.

254. Faire l'addition suivante et exprimer le résultat en centigrammes :

$$3^{Dg},087 + 7^{kgr},259 + 8^{Hg},482 + 6^{g},69 + 83^{Hg},089.$$

255. Exprimer en grammes le total des nombres suivants :

$$38^{Kg}\ 6^{Dg}\ 9^{gr}\ 8^{dg}\ ;\ 85^{Hg}\ 6^{g}\ 3^{cg}\ ;\ 287^{Dg}\ 8^{dg}\ ;\ 472^{g}\ 47^{mg}\ ;\ 68^{Hg}\ 6^{Hg}\ 9^{cg}.$$

256. Faire l'addition suivante et exprimer le total en décigrammes :

$$48^{Dg},271 + 7^{Hg}6^{gr},58 + 8^{Kg}7^{Dg},614 + 23^{gr},607 + 8^{Dg}82^{cg},7.$$

257. Faire le total des nombres suivants et exprimer le résultat en centigrammes, puis en Décagrammes :

$$274^{cg}\ ;\ 7^{gr}\ 8^{cg}\ 5^{mg}\ ;\ 15^{cg}\ 6^{mg}\ ;\ 7^{Dg}\ 9^{gr}\ 48^{cg}\ ;\ 82^{Dg}\ 8^{cg}\ ;\ 4^{Hg}\ 6^{gr},41.$$

258. De 7 kilogrammes 8 Décagrammes, retrancher 684 grammes, et exprimer le reste en grammes, puis en Hectogrammes.

259. Exprimer en centigrammes l'excès de 7 Décagrammes, sur 6 grammes 87 milligrammes.

260. Calculer l'expression suivante et exprimer le résultat en Décagrammes :

$$4^{Kg}\ 8^{Dg}\ 7^{dg} + 5^{Hg}\ 6^{gr},7 - 185^{gr}9^{dg}.$$

261. Une caisse pèse vide $6^{kg},7$ et pleine de savon 97 kilogrammes 8 Décagrammes. Quel est en kilogrammes le poids du savon qu'elle contient ?

262. Un vase vide pesait 3 Hectogrammes 8 grammes. On l'a empli d'eau et il pèse maintenant 1 kilogramme et demi. Quel poids d'eau y a-t-on versé ?

263. On a payé $0^{f},25$ pour 1 Décagramme de marchandise ; combien vaut le kilogramme de cette marchandise ?

264. Lorsque 275 grammes valent 0^f,935, quel est le prix de 3^{kg},5 ?

265. Une barrique d'huile pèse 127^{kg},3. Le fût vide pèse 12^{kg},3. Que vaut cette barrique à raison de 180 francs les 100 kilogrammes d'huile, le fût vide valant 2^f,50 ? Combien renferme-t-elle de litres d'huile, le litre pesant 92 Décagrammes ?

266. Deux tas de bois pèsent : l'un, 4 quintaux 9 kilogrammes, et l'autre, 7 quintaux 85 kilogrammes. Quelle en est la valeur totale à raison de 4^f,75 les 100 kilogrammes ?

267. On a payé 25 centimes pour 60 grammes de café ; à combien revient le demi-kilogramme ?

268. L'eau en gelant augmente des 0,075 de son volume. Que doit peser 1 décimètre cube de glace provenant de la congélation d'une certaine quantité d'eau pure ? Un litre d'eau pure pèse 1 kilogramme.

269. Trois ballots pèsent : le 1er,207^{kg},8 ; le 2e,189^{kg},5; le 3e, 240 kilog., et un camionneur offre de les transporter moyennant 0^f,75 par quintal. Combien lui sera-t-il dû ?

270. Une botte de foin pesant 4^{kg},5, combien pourra-t-on faire de bottes semblables avec une récolte pesant verte 87^{quint},6, mais que la dessiccation diminuera des 0,45 de son poids ?

271. On vend 1^f,50 des bouteilles d'huile qui en contiennent 85 Décagrammes. Quel est le prix du kilog. et du litre de cette huile sachant que le litre pèse 0^{kg},912.

272. Diviser 37^{quint}64^{kg} de houille en deux parts de façon que l'une contienne 8 Myriagrammes de plus que l'autre, et calculer la valeur de chaque part à raison de 50 francs les 1000 kilog.

273. Lorsqu'un pharmacien vend 0^f,75 un paquet de 30 grammes d'écorce de quinquina, à combien revient le kilog. de ce bois ?

*Poids d'un mètre cube et d'un décimètre cube
d'eau pure.*

274. Un vase a une capacité de $3^{lit},7$. Calculer le poids d'eau pure qu'il y faudrait verser pour l'emplir.

275. Un réservoir a un volume intérieur de $2^{m^3},74$ et est plein aux 0,7. Combien de kilog. d'eau renferme-t-il?

276. Un bassin d'une contenance de 38 mètres cubes a été vidé aux 2/5. Quel est, en quintaux, le poids de l'eau qui reste dans le bassin?

277. Un vase pèse vide 78 Décagrammes et plein d'eau pure $1^{kg},9$. Quelle est sa capacité?

278. Une bouteille pesait vide 840 grammes. On l'emplit d'eau pure aux 0,4 et son poids devient alors $1^{kg},328$. Quelle est la capacité de cette bouteille?

279. Un réservoir cylindrique a $1^{m^2},58$ de surface à sa base et l'eau qu'il renferme pèse 2844 kilog. Jusqu'à quelle hauteur èst-il rempli d'eau?

280. Un vase pèse vide $2^{kg},7$. Plein d'huile il pèserait $9^{kg},6$ et plein d'eau $10^{kg},2$. Calculer 1° la capacité du vase; 2° le poids d'un litre d'huile.

281. Un vase a un volume intérieur de 135 décimètres cubes. On y verse une 1re fois $47^{lit},8$ d'eau; une 2e fois, $7^{Dl},6$; une 3e fois, 6465 centimètres cubes. Combien faudrait-il y verser encore d'Hectogrammes d'eau pour achever de le remplir?

282. Dans un vase plein d'eau et dont la capacité est de $1^{lit}4^{cl}$, on plonge un cube en marbre dont l'arête a 6 centimètres. Quel est en Hectogrammes le poids de l'eau qui restera dans le vase?

283. Un litre de mercure pèse 13^{kg} 59^{ng}. Combien pèserait, plein de mercure, un vase qui pèse vide $1^{kg},74$ et plein d'eau 2695 grammes?

284. Un bec de gaz consomme un Hectolitre de gaz en

3 quarts d'heure. La dépense de 4 becs de gaz, allumés en moyenne 5 heures par jour pendant 30 jours, a été de 24 francs. Quel est le prix du mètre cube de gaz?

285. Le litre d'alcool pèse 794 grammes. Un vase plein de ce liquide pèse 5^{kg},176; vide, il ne pèse que 412 grammes. Quelle est la capacité de ce vase?

AVRIL

MONNAIES

Le franc et ses sous-multiples. — Pièces de monnaies effectives.— Poids des pièces d'or, d'argent et de bronze. — Valeur relative des monnaies d'or, d'argent et de bronze à poids égal; poids relatif de ces monnaies à valeur égale.

Valeur du kilogramme d'argent pur et du kilogramme d'argent monnayé; du kilogramme d'or pur et du kilogramme d'or monnayé.

Titres des alliages d'or et d'argent.— Connaissant le poids ou le titre d'une pièce d'or ou d'argent, en trouver la valeur.

286. Faire l'addition suivante :

$$3 \text{ centimes} + 5 \text{ décimes} + 8 \text{ millimes} + 2^{f}9^{c} + 74 \text{ centimes} + 38 \text{ décimes.}$$

287. De 6^{f}8^{c}, retrancher 8 décimes et exprimer le reste en francs.

288. Faire le total de la valeur des pièces de monnaies 1° pour chaque série (or, argent, bronze); 2° pour les 3 séries réunies.

289. La pièce de 1 franc pesant 5 grammes, trouver le poids de chacune des pièces d'argent.

290. Calculer le poids de 478 francs en monnaie d'argent.

291. Calculer le poids d'une somme composée de 24 pièces de 5 francs en argent, de 17 pièces de 2 francs et de 39 pièces de 50 centimes.

292. Quelle est la valeur d'une somme d'argent pesant 245 grammes ?

293. Un sac pèse vide 6^{dg}8^g et plein d'une somme en pièces d'argent, 1^{kg}3^g. Quelle somme renferme-t-il ?

294. La monnaie de bronze pesant, à valeur égale, 20 fois autant que la monnaie d'argent, calculer le poids de chacune des pièces de monnaies en bronze.

295. Trouver en kilogrammes le poids de 38^f,45 en monnaie de bronze.

296. Quelle est la valeur d'une somme, en monnaie de bronze, pesant 645 grammes ?

297. On met sur un des plateaux d'une balance une somme d'argent pesant 87 grammes. Quelle somme en bronze faut-il mettre sur l'autre plateau pour établir l'équilibre ?

298. Un homme de force ordinaire peut porter 75 kilogrammes. Quelle somme peut-il porter 1° en argent monnayé ; 2° en monnaie de bronze.

299. Quelle est en litres la contenance d'un vase qui vide est équilibré par une somme de 45 francs en argent, et plein d'eau pure, par une somme composée de 339 francs en argent et 1^f,20 en monnaie de billon ?

300. La monnaie d'or pesant, à valeur égale, 15 fois,5 moins que la monnaie d'argent, calculer le poids de 45 francs 1° en argent ; 2° en or.

301. Calculer le poids de chacune des pièces d'or.

302. Trouver le poids de 85 francs 1° en monnaie d'argent ; 2° en monnaie de bronze ; 3° en monnaie d'or.

303. Calculer la valeur d'une somme en monnaie d'or pesant 152g,8385.

304. Quel était le poids de l'ancienne pièce de 40 fr. en or ?

305. Quelle est la quantité d'argent pur contenue dans 530 grammes d'argent au titre de 0,950 ?

306. Un lingot d'argent au titre de 0,800 contient 197g,6 d'argent fin. Quel est son poids ?

307. Calculer la quantité d'argent fin et la quantité de cuivre contenue dans une pièce de 5 francs. (Titre = 0,900.)

308. Trouver la quantité d'or pur et de cuivre contenue dans une pièce de 50 francs (Titre = 0,900.)

309. Un objet d'orfèvrerie pèse 240 grammes et est au titre de 0,840. Quelle quantité de cuivre renferme-t-il ?

310. Quelle quantité de cuivre faudrait-il allier à 648 grammes d'or fin pour faire de l'or monnayé ?

311. Quelle quantité de cuivre faudrait-il allier à 248 grammes d'argent fin pour faire de l'argent au titre de 0,800 ?

312. Quelle quantité de cuivre faudrait-il allier à 650 grammes d'argent fin pour en faire de l'argent monnayé au titre de 0,835 ?

313. Quelle quantité d'or fin faudrait-il allier à 80 grammes de cuivre pour faire de l'or au titre de 0,840 ?

314. Un lingot d'or, au titre de 0,750, pèse 540 grammes. Quelle quantité d'or fin faut-il y ajouter pour l'élever au titre de 0,840 ?

315. Un lingot d'argent au titre de 0,950 pèse 7640 grammes. Combien faut-il y allier de grammes de cuivre pour l'abaisser au titre de 0,800 ?

316. On fait fondre ensemble 275 grammes d'argent au titre de 0,800 et 480 grammes au titre de 0,950. Quelle est la quantité d'argent pur contenue dans le nouvel alliage obtenu et quel est le titre de cet alliage?

517. Calculer le titre de l'alliage qu'on obtiendrait en fondant ensemble 520 grammes d'or au titre de 0,750, 450 grammes d'or à 0,840 et 602 grammes d'or à 0,920.

518. Quel poids d'argent fin faudrait-il allier à $5^{kg},125$ de cuivre pour faire de l'argent monnayé au titre de 0,835 ?

519. Quel poids de cuivre faudrait-il ajouter à 540 gr. d'or pur pour former un lingot d'or monnayé et quelle serait la valeur de ce lingot?

520. Quelle serait la valeur du lingot qu'on obtiendrait en alliant à 345 grammes d'argent fin la quantité de cuivre nécessaire pour en faire de l'argent monnayé au titre de 0,9 ?

521. En considérant comme nulle la valeur du cuivre qui entre dans la composition de la monnaie d'argent, calculer la valeur du kilog. d'argent pur contenu dans les pièces de monnaie au titre de 0,900. (On ne tiendra pas compte des frais de fabrication prélevés par l'Hôtel des monnaies.)

522. Calculer la valeur du kilog. d'or pur.

523. Combien serait payé, au change des monnaies, un vase en argent pesant 306 grammes, et au titre de 0,920? (On ne paye que l'argent pur à raison de $222^f,22$ le kilog.)

524. Les pièces de 2 francs en argent sont au titre de 0,835. Calculer la quantité de cuivre qu'il faudrait allier à $2512^{gr},5$ d'argent fin pour faire un lingot d'argent monnayé, et le nombre de pièces de 2 francs que pourrait fournir ce lingot?

525. Un vase en or pèse 305 grammes et est au titre de 0,920. Combien serait-il payé au change des monnaies, le gramme d'or fin valant $3^f,437$? ($3^f,437$ au lieu de $3^f,44$

à cause des frais de fabrication prélevés par l'Hôtel des monnaies.)

____

MAI

NOTIONS SUR LA MESURE DU TEMPS.

Jour, heure, minute, seconde. — Convertir en secondes un nombre composé de jours, d'heures, de minutes et de secondes; réciproquement, un nombre de secondes étant donné, trouver combien il contient de minutes, d'heures et de jours.

326. Combien y a-t-il de minutes dans 5 heures ?

327. Dire combien 4 heures font de secondes ?

328. Combien y a-t-il de minutes dans 7 heures 9 minutes ?

329. Combien 14 minutes 8 secondes valent-elles de secondes ?

330. Trouver le nombre de secondes contenues dans 3 heures 12 minutes.

331. Combien y a-t-il de secondes dans 6 heures 10 minutes 51 secondes ?

332. Combien faut-il de minutes pour faire 2 jours 7 heures ?

333. Trouver combien il y a de secondes dans 3 jours 8 heures 14 minutes 9 secondes.

334. Combien y a-t-il de secondes dans 5 jours 46 minutes ?

335. Combien y a-t-il de jours dans 72 heures ?

336. Combien faut-il de jours pour faire 900 heures ?

337. Trouver combien il y a de jours dans 274 heures.

338. Combien y a-t-il d'heures dans 456 minutes ?

339. Calculer le nombre de minutes contenues dans 520 secondes.

340. Combien y a-t-il de minutes dans 2764 secondes ?

341. Combien y a-t-il de jours dans 6452 minutes ?

342. Combien y a-t-il de jours dans 47687 secondes ?

343. Exprimer en heures, minutes et secondes le quotient de 92 heures par 17.

344. Exprimer en heures, minutes et secondes le quotient de 415 heures par 69.

345. Exprimer en jours, heures, minutes et secondes le quotient de 540 jours par 86.

346. Faire l'addition suivante :

28 minutes 15 secondes $+$ 12 minutes 18 secondes.

347. Additionner : (17 minutes 27 secondes) et (31 minutes 21 secondes).

348. Faire l'addition suivante :

49 minutes 29 secondes $+$ 2 minutes 34 secondes.

349. Faire l'addition suivante :

27 minutes 14 secondes $+$ 19 minutes 27 secondes $+$ 3 minutes 38 secondes.

350. Additionner : (4 heures 18 minutes 24 secondes), (12 heures 39 minutes 45 secondes), (2 heures 52 minutes 37 secondes) et (1 heure 27 secondes).

351. Retrancher (3 heures 15 minutes 17 secondes) de (8 heures 39 minutes 50 secondes).

352. Faire la soustraction suivante :

(17 heures 38 minutes 43 secondes) $-$ (8 heures 17 minutes 25 secondes).

553. Retrancher (8 minutes 19 secondes) de 12 minutes.

554. Faire la soustraction suivante :

$$(14 \text{ heures } 34 \text{ minutes}) - (11 \text{ heures } 15 \text{ minutes } 27 \text{ secondes.})$$

555. Retrancher (1 jour 5 heures 6 minutes (de 3 jours 9 heures).

556. Calculer la différence qu'il y a entre 7 jours 14 minutes et 1 jour 8 heures 43 secondes.

557. Multiplier (4 heures 6 minutes 12 secondes) par 4 unités.

558. Faire la multiplication suivante :

$$(7 \text{ heures } 20 \text{ minutes } 15 \text{ secondes}) \times 3.$$

559. Calculer le produit de (2 jours 8 heures 37 minutes) par 7.

560. Quel est le produit de (3 heures 42 minutes 52 secondes) par 6 ?

561. Calculer le quotient de 47 heures par 15.

562. Quel est le quotient de (45 heures 9 minutes) par 28 unités?

563. Combien y a-t-il d'années (365 jours), de jours et de minutes dans 786 jours 15 heures 20 minutes?

564. Combien s'écoule-t-il de minutes depuis le mardi, 3 heures de l'après-midi, jusqu'à 6 heures et demie du soir le samedi de la même semaine?

565. A partir de 5 heures du soir une pendule a marché pendant 31645 secondes ; à quelle heure s'est-elle arrêtée?

566. Une montre avance de 43 secondes par heure ; de combien avance-t-elle en 24 heures?

567. Une montre mise à l'heure à midi marque, dans la même journée, 5 heures 18 minutes lorsque l'heure véritable est 5 heures 25 minutes. De combien cette montre retarde-t-elle par heure?

368. Une pendule avance de 17 secondes en 6 heures; en combien de temps avance-t-elle d'une heure?

369. Une horloge avance de 3/5 de minute en 4 heures et demie. De combien avance-t-elle par heure?

570. Une montre avance de 25 secondes par heure; elle est maintenant en avance de 35 minutes. Dans combien de temps marquera-t-elle l'heure véritable?

JUIN

NOTIONS DE GÉOMÉTRIE PRATIQUE.

Définition du rectangle, du carré, du parallélogramme, du triangle, du losange, du trapèze et du cercle.

Règle pratique de la mesure de ces surfaces.

371. Quel est le périmètre d'un terrain rectangulaire de 64^m,6 de longueur et 47^m,8 de largeur?

572. Un terrain rectangulaire dont les dimensions sont 39^m,50 et 46^m,70 a été entouré d'un treillage qui revient à 3^f,50 le mètre linéaire. Calculer le prix de ce treillage.

575. Un champ rectangulaire a 287^m,80 de périmètre et 53^m,60 de largeur; quelle est sa longueur?

374. Trouver la largeur d'un terrain rectangulaire qui a 62^m,75 de longueur et 192^m,60 de contour?

575. Trouver en mètres carrés la superficie d'un terrain rectangulaire ayant pour dimensions 37 mètres et 42 mètres.

576. Un terrain rectangulaire a 51^m,6 de longueur et 38^m,5 de largeur. Exprimer sa superficie 1° en mètres carrés ; 2° en Ares ;

577. Calculer en Hectares la superficie d'un pré rectangulaire dont les dimensions sont 134 mètres et 162 mètres.

578. Un champ a pour dimensions 72^m,5 et 29^m,8. Calculer la valeur de ce champ à raison de 136 francs l'Are.

579. Trouver 1° le contour, 2° la surface, 3° le prix d'une prairie rectangulaire ayant pour dimensions 243^m,80 et 186^m,60. L'Hectare de terrain est estimé 17 000 francs.

580. Un terrain rectangulaire a 32^m,60 de largeur et 1362$^{m^2}$,68 de superficie. Quelle est sa longueur ?

581. Un terrain rectangulaire a 28^m,75 de longueur et 411$^{m^2}$,125 de superficie. Calculer 1° la largeur, 2° le périmètre, 3° la valeur de ce terrain. L'Are vaut 78^f,40.

582. Trouver la longueur d'un pré rectangulaire qui a 3^a,478 de superficie et 148 mètres de largeur.

583. Un terrain acheté à raison de 80 francs l'Are a été payé 1312^f,08. Sa longueur est de 42^m,60. On demande : 1° la superficie du terrain ; 2° sa largeur ; 3° son contour.

584. Une prairie achetée à raison de 9400 francs l'Hectare a été payée 28 623 francs, et sa largeur est de 164 mètres. Trouver sa longueur.

585. Une cour rectangulaire de 18^m,5 de long sur 12^m,4 de large est pavée en grès. Chaque pavé a pour dimensions 24 centimètres et 15 centimètres. Combien en faut-il pour le pavage de toute la cour ?

586. Un carré a le même périmètre qu'un rectangle de

$37^m,8$ de long sur $26^m,3$ de large. Quelle est la longueur du côté de ce carré?

387. Un rectangle a 83 mètres de longueur et le même périmètre qu'un carré de 56 mètres de côté. Trouver la largeur de ce rectangle.

388. Trouver, en mètres carrés, puis en Ares, la surface d'un terrain carré ayant 182 mètres de contour.

389. Un terrain rectangulaire a $37^m,5$ de largeur et sa superficie est égale à celle d'un carré de $40^m,3$ de côté. Trouver la longueur de ce terrain.

390. Quel est le périmètre d'un terrain rectangulaire de $16^m,8$ de longueur et d'une surface double de celle d'un carré de $8^m,9$ de côté.

391. Calculer à moins d'un millimètre carré près la superficie d'un carré de $3^m,08$ de côté?

392. Évaluer, à raison de 4200 francs l'Hectare, le prix d'une prairie ayant la forme d'un carré de 720 mètres de contour.

393. Un terrain ayant la forme d'un parallélogramme de 149 mètres de base, a été acheté à raison de 10 800 francs l'Hectare et payé $13\,839^f,12$. Calculer la hauteur de ce parallélogramme.

394. Un triangle a pour côtés les longueurs suivantes : $3^m,45$, $8^m,6$ et $5^m,83$. Quel en est le périmètre ?

395. Un triangle équilatéral (3 côtés égaux) a $86^m,4$ de périmètre. Quel est la longueur de chaque côté?

396. Un triangle a $109^m,6$ de périmètre et deux de ses côtés ont : l'un $40^m,28$ et l'autre $32^m,8$. Trouver la longueur du 3e côté.

397. Calculer la superficie d'un triangle de $34^m,5$ de base et $27^m,5$ de hauteur.

398. Trouver le prix d'un terrain triangulaire de $62^m,45$ de base et $49^m,7$ de hauteur, l'Are valant 207 francs.

599. Quelle est la hauteur d'un triangle de $4^m,86$ de base et 19 mètres carrés de superficie.

400. Un terrain triangulaire de $18^m,50$ de base a été acheté à raison de 4 francs le mètre carré et payé $551^f,30$. Quelle est la hauteur de ce triangle?

401. On veut échanger un terrain triangulaire de 27 mètres de base et 31 mètres de hauteur, estimé 180 francs l'Are, contre un autre terrain de forme rectangulaire, ayant 19 mètres de largeur et estimé $1^f,70$ le mètre carré. Quelle doit être la longueur du terrain rectangulaire?

402. Un trapèze a pour grande base $18^m,6$; pour petite base, $12^m,5$; et les deux côtés non parallèles ont : l'un $14^m,6$ et l'autre $12^m,8$. Calculer le périmètre de ce trapèze.

403. Un trapèze a pour petite base $4^m,82$ et pour périmètre $22^m,77$. Les deux côtés non parallèles ayant l'un $5^m,38$ et l'autre $6^m,12$, trouver la grande base de ce trapèze.

404. Trouver la superficie d'un trapèze de $8^m,6$ de grande base, $7^m,9$ de petite base et $6^m,4$ de hauteur.

405. Un terrain a la forme d'un trapèze dont les dimensions sont : grande base, $139^m,6$, petite base, $87^m,5$ et hauteur, $66^m,3$. Calculer à raison de 27 500 francs l'Hectare la valeur de ce terrain.

406. Calculer la grande base d'un trapèze de 46 mètres de hauteur, de $24^m,8$ de petite base et de $12^A,834$ de surface.

407. Un losange a $86^{dm},9$ de périmètre; quelle est la longueur de chaque côté?

408. Une mosaïque, ayant la forme d'un losange de $2^m,88$ de grand axe et de $2^m,16$ de petit axe, est formée de petits losanges de marbre de diverses couleurs, ayant chacun 24 millimètres de grand axe et 18 millimètres de petit axe. Quel est le nombre de ces petits losanges?

409. Un losange a 48 mètres carrés de superficie et 12^m,5 de grand axe. Quelle est la longueur du petit axe?

410. Un terrain a la forme d'un losange de 86^m,5 de petit axe. Acheté à raison de 305 francs l'Are, il a été payé 16 779^f,27. Quelle est la longueur du grand axe?

411. Un losange a 7^m,6 de petit axe et sa superficie est triple de celle d'un rectangle de 4^m,5 de longueur sur 3^m,8 de largeur. Trouver la longueur du grand axe de ce losange.

412. Trouver la hauteur d'un triangle de 29^m,5 de base et de surface égale à celle d'un losange de 47^m,2 de grand axe et de 26^m,8 de petit axe.

413. Trouver la circonférence d'un cercle de 4^m,5 de diamètre.

414. Un cercle a 3^{dm},5 de rayon; 1° quel en est le diamètre; 2° quelle en est la circonférence?

415. Un cercle a 8^m,40 de circonférence. Trouver 1° le diamètre; 2° le rayon.

416. Trouver le rayon d'un cercle de 45 centimètres de circonférence.

417. Calculer la superficie d'un cercle de 3 mètres de rayon.

418. Quelle est la surface d'un cercle de 8^m,4 de diamètre?

419. Un·cercle a 18^m,6 de circonférence. Trouver 1° le diamètre; 2° le demi-rayon; 3° la surface de ce cercle.

420. Au milieu d'un terrain carré de 38^m,6 de côté, on trace un cercle de 18^m,5 de rayon. Calculer la surface de la portion du terrain qui reste en dehors du cercle.

421. Quel est le rayon d'un cercle dont le périmètre égale celui d'un carré de 43 centimètres de côté?

422. Calculer la surface de la couronne comprise

entre deux cercles dont l'un a $3^m,50$ et l'autre $4^m,2$ de diamètre.

423. Trouver la superficie d'une couronne comprise entre deux cercles dont l'un a $6^m,8$ de rayon et l'autre 52 mètres de circonférence.

FIN.

TABLE DES MATIÈRES

ARITHMÉTIQUE

SYSTÈME MÉTRIQUE

28537. — Typographie A. Lahure, rue de Fleurus, 9, à Paris.

OUVRAGES ADOPTÉS POUR LES ÉCOLES COMMUNALES
DE LA VILLE DE PARIS

BARRAU : **Choix gradué de 50 sortes d'écritures**, pour exercer à la lecture des manuscrits. Édition refondue par M. Barrau. 1 vol. grand in-8°, cart. 1 fr. 30

BRACHET et DUSSOUCHET : **Petite grammaire française**, fondée sur l'histoire de la langue. 1 vol. in-12, cart. 80 c.

CARRAUD (Mᵐᵉ) : **Contes et historiettes.** 1 vol. in-12, cart. 1 fr. 10

CORTAMBERT : **Petit atlas élémentaire de géographie moderne**, composé de 22 cartes tirées en couleur. 1 vol. in-4°, br. 1 fr. 15

—— **Notions de géographie générale** (cours élémentaire). 1 volume in-18, cart. 50 c.

—— **Notions sommaires sur les cinq parties du monde et sur l'Europe en particulier** (cours moyen). 1 vol. in-12, cart. 1 fr. 25

DUCOUDRAY : **Premières leçons d'histoire de France** (premier degré). 1 vol. in-18, avec vignettes, cart. 60 c.

—— **Nouvelles leçons d'histoire de France** (deuxième degré). 1 volume in-18, avec 18 vignettes, cart. 1 fr.

DELAPALME : **Premier livre de l'adolescence**, 1 vol. grand in-18, imprimé en caractères gradués, avec gravures, cart. 60 c.

HENRY (Gervais) : **Cartographie de l'enseignement**, comprenant 5 cartes pour les bassins physiques et 5 cartes pour les bassins politiques. En noir, 5 cent.; coloriées, 10 cent.

—— **Livret de lecture.** 1 vol. in-12, cart. 50 c.

LEBRUN (Th.) : **Livre de lecture courante**, en quatre parties. 4 vol. in-18, cart. Chaque volume se vend séparément. 1 fr. 10

MEISSAS et MICHELOT : **Mappemonde écrite**, 20 feuilles. 12 fr.

—— **Palestine écrite**, avec un plan de Jérusalem. 6 feuilles. 6 fr.

PELLISSIER : **La Gymnastique de l'Esprit** : 1ʳᵉ partie, 60 cent.; 2ᵉ partie, 80 cent.; 3ᵉ partie ; 60 cent.

REGIMBEAU : **Syllabaire**. 1 vol. in-12, cart. 60 c.

—— **Grand tableau mural méthodique de lecture**, en feuille. 5 fr.

TAGNARD et DAUPHIN : **Arithmétique**. 1 vol. in-12, cart. 1 fr. 25

TARNIER : **Nouvelle arithmétique**. 1 vol. in-12, cart. 2 fr.

—— **Applications de l'Arithmétique**. 1 vol. in-12, cart. 2 fr.

—— **Solutions raisonnées**. 1 vol. in-12, cart. 3 fr.

—— **Petite arithmétique des écoles primaires**. In-18, cart. 75 c.

—— **Carte murale du système métrique**. 6 feuilles. 10 fr.

WALLON, membre de l'Institut : **Abrégé de l'histoire sainte** (Ancien et Nouveau Testament). 1 vol. in-18, cart. 75 c.

—— **Petite histoire sainte**, extraite de la précédente, avec questionnaires. 1 vol. in-18, cart. 50 c.

—— **Épîtres et Évangiles**. 1 vol. in-18, cart. 75 c.